IRMER / WORM

Die Zusammensetzung thermischer Edelgasplasmen

Composition of the Thermic Plasmas of the Inert Gases

Die Zusammensetzung thermischer Edelgasplasmen im Temperaturbereich von 1000–20000°K bei Drucken von 1–50 atm

Composition of the Thermic Plasmas of the Inert Gases for Temperatures from 1000 to 20,000°K and Pressures from 1 to 50 atm

von

JOACHIM IRMER und MANFRED WORM

Mit 79 Seiten Tabellen, 6 Abbildungen und einem erläuternden Text
in deutscher und englischer Sprache

AKADEMIE-VERLAG · BERLIN
1974

Die Autoren, Dipl.-Phys. Joachim Irmer und Dipl.-Phys. Dr. rer nat. Manfred Worm, sind wissenschaftliche Mitarbeiter des Zentralinstituts für Elektronenphysik der Akademie der Wissenschaften der DDR.

Erschienen im Akademie-Verlag, 108 Berlin, Leipziger Str. 3 – 4

Lizenznummer: 202 · 100/442/74
Umschlag: Karl Salzbrunn
Gesamtherstellung: VEB Druckerei „Thomas Müntzer", 582 Bad Langensalza
Bestellnummer: 761 8174 (6096) · LSV 1197
Printed in GDR
EVP 15,–

Vorbemerkung

In unserer wissenschaftlichen Arbeit auf dem Gebiet der Physik des thermischen Plasmas mußten wir des öfteren feststellen, daß zwar für die verschiedenen Edelgase Plasmazusammensetzungen vorliegen (zur Literatur siehe /1/), daß sie aber nach Druck- und Temperaturgebiet sehr unterschiedlich sind, so daß wir für spezielle Zwecke oft zur Neuberechnung gezwungen waren. Deshalb entschlossen wir uns - zunächst nur in Hinblick auf unsere eigene Arbeit - , diese Berechnung für einen größeren Temperatur- und Druckbereich für alle Edelgase außer Radon einheitlich durchzuführen, wobei alle neueren theoretischen Gesichtspunkte, die insbesondere die Ermittlung der SAHA-Funktionen sowie der Zustandssummen betreffen, berücksichtigt wurden.

Wir veröffentlichen unsere Tabellen in der Hoffnung, daß sie für viele, die auf dem Gebiet der thermischen Edelgasplasmen arbeiten, von Nutzen sein werden. Fräulein H.Gau, Frau K.Huget und Frau M.Kronisch danken wir für ihre Mithilfe bei der Durchführung des Rechenprogramms sowie dem Akademie-Verlag für die Herausgabe dieses Tabellenwerkes.

Foreword

In our scientific work in the field of physics of thermal plasma we frequently found that, although plasma compositions are known for the various inert gases (see /1/ for references), those composition data are quite different with respect to their pressure and temperature ranges, so that for special purposes frequently we were forced to recalculate the compositions. Therfore we decided - at first only with regard to our own work - to perform this calculation in a uniform way within an extended temperature and pressure range for all inert gases except radon, taking into account all recent theoretical aspects concerning in particular the determination of SAHA-functions as well as partition functions.

We publish our tables in the hope that they will prove useful for many workers on the field of thermal inert-gas plasmas. We are indebted to Miß H.Gau, Mrs. K.Huget and Mrs. M.Kronisch for their assistance in performing the computation.programme, and to the Akademie-Verlag for the editions of these tables.

Inhaltsverzeichnis - Contents

1. Aufstellung und Erläuterung des Rechenprogramms

1.1. Einleitung

Die Kenntnis der Zusammensetzung eines Plasmas, d.h. der Teilchenzahlen pro cm^3 der verschiedenen Plasmateilchensorten (Elektronen, neutrale Atome, Ionen der verschiedenen Ionisationsstufen), in Abhängigkeit von Druck und Temperatur benötigt man sowohl für die Berechnung von Plasmakenngrößen als auch für die Auswertung bei ihrer Messung. Eine genaue Berechnung gelingt für homogene thermische Plasmen, deren Ionisationsverhalten durch die SAHA-Gleichung bestimmt wird.

Das vorliegende Tabellenwerk enthält für den Fall des thermischen Plasmas die Plasmazusammensetzung aller Edelgase - mit Ausnahme des relativ kurzlebigen natürlich radioaktiven Radons - für das Temperaturgebiet 1ooo - 2o ooo ^oK und den Druckbereich 1 - 5o atm. Temperatur- und Druckbereich sind so gewählt, daß sie den bisherigen und zu erwartenden zukünftigen Anwendungen thermischer Edelgasplasmen weitgehend entsprechen.

Im folgenden werden die theoretischen Grundlagen für die Berechnung der Teilchenzahlen pro cm^3 mitgeteilt und im Anschluß daran die Ergebnisse der Rechnungen in Form von Tabellen und graphischen Darstellungen angegeben.

Die nachstehende Tabelle bringt Angaben über die benutzten physikalischen Größen und deren Zahlenwerte /2/.

Größe	Dimension	Erläuterung
T	^oK	Temperatur
p	atm	Druck, 1 atm = $1{,}o1325 \cdot 1o^6$ dyn/cm^2 1 dyn = 1 $cm \cdot g \cdot s^{-2}$

Größe	Dimension	Erläuterung
n_e	cm^{-3}	Teilchenzahl der Elektronen pro cm^3
n_i	cm^{-3}	Teilchenzahl der Ionisationsstufe i pro cm^3 (i = o neutrales Atom)
E_i	eV	Ionisationsenergie der Ionisationsstufe i (i = o neutrales Atom), 1 eV = $1{,}6o2.1o^{-12}$ erg, 1 erg = 1 $cm^2.g.s^{-2}$
Q_i		Zustandssumme der Ionisationsstufe i (i = o neutrales Atom)
k	erg/grad	BOLTZMANN-Konstante k = $1{,}38o5.1o^{-16}$ erg/grad
e	$cm^{3/2}.g^{1/2}.s^{-1}$	Elementarladung e = $4{,}8o3.1o^{-1o}$ elektrostatische CGS-Einheiten
h	erg.s	PLANCK'sches Wirkungsquantum h = $6{,}6256.1o^{-27}$ erg.s
g_m		statistisches Gewicht des Terms m
$\mathcal{E}$		Dielektrizitätskonstante $\mathcal{E}$ = 1 im elektrostatischem CGS-System
$\varkappa$	cm^{-1}	reziproker DEBYE-Radius $\varkappa = \left[\frac{4\pi}{\varepsilon} \sum_{i=1}^{z} \frac{n_i \cdot e^2 \cdot i^2}{kT}\right]^{1/2}$

1.2. Berechnung der Plasmazusammensetzung /1/,/3/

Im Fall des thermischen Plasmas besitzen alle Plasmapartner die gleiche Temperatur T. Ziel der Berechnung ist es, die Zahl der Elektronen n_e, der neutralen Atome n_o und der Ionen n_i der verschiedenen Ionisationsstufen $(i = 1,\ldots\ldots,z)$ pro cm^3 für das angegebene Druck- und Temperaturgebiet zu ermitteln. Diese Teilchenzahlen gewinnt man mit Hilfe folgender Beziehungen:

1. SAHA-Gleichungen der im Plasma sich abspielenden Ionisationsprozesse

$$(1)\quad F_i(p,T) = \frac{n_{i+1}\cdot p_e}{n_i} = \frac{2\,Q_{i+1}(p,T)}{Q_i(p,T)}\cdot\frac{(2\pi m_e)^{3/2}}{h^3}\cdot(kT)^{5/2}\cdot e^{-\frac{E_i(p,T)}{kT}}$$

$i = o,1,\ldots\ldots,z-1$, wenn z die höchste im Plasma vorkommende Ionisationsstufe ist

$E_i(p,T)$ = temperatur- und druckabhängige Ionisationsenergie der Ionisationsstufe i

$Q_i(p,T)$ = temperatur- und druckabhängige Zustandssumme der Ionisationsstufe i

2. Zustandsgleichung für ideale Gase, d.h. wir betrachten in unserem Temperatur- und Druckgebiet das thermische Plasma als ideales Gas /1/

$$(2)\quad p \doteq \left(n_e + \sum_{i=0}^{z} n_i\right)\cdot kT = p_e + \sum_{i=0}^{z} p_i$$

3. Quasineutralitätsbedingung für die Ladungsträger im Plasma, d.h. das Plasma erscheint nach außen als elektrisch neutral

$$(3)\quad n_e = \sum_{i=1}^{z} i\cdot n_i$$

In der druck- und temperaturabhängigen Ionisationsenergie $E_i(p,T)$ wird die Erniedrigung der Ionisationsenergie $\Delta E_{i,EK}(p,T)$ nach ECKER und KRÖLL/4/,/5/ berücksichtigt.

$$E_i(p, T) = E_i^0 - \Delta E_{i,EK}(p, T) \tag{4}$$

$E_i^{\,o}$ = Ionisationsenergie des ungestörten Atoms bzw. Ions der Ionisationsstufe i

$$\Delta E_{i,EK} = \frac{e^2 \cdot \varkappa}{\varepsilon} (i + 1) \quad \text{(siehe obige Tabelle)}$$

Die Zustandssumme $Q_i(p,T)$ berechnet sich gemäß der Beziehung

$$Q_i(p, T) = \sum_{n=0}^{n'} g_n \cdot e^{-\frac{E_n}{kT}} \tag{5}$$

$g_n = 2\,J_n + 1$ = statistisches Gewicht des Niveaus n,
E_n = Energie des Niveaus n,
die J_n- und E_n-Werte wurden dem Tabellenwerk von MOORE/6/ entnommen.

Die durch das Plasma bedingte Begrenzung der Zustandssumme wird in (5) durch das druck- und temperaturabhängige n'(p,T) ausgedrückt. Es werden nur die Summanden zur Berechnung herangezogen, die unterhalb dieses Grenzterms n'(p,T) mit der Grenzenergie E'(p,T) liegen. Die Energie E'(p,T) wurde gemäß

$$E_{n'}(p, T) = E_i^0 - \Delta E_{i,U}(p, T) \tag{6}$$

ermittelt, wobei $E_i^{\,o}$ wieder die Ionisationsenergie des ungestörten Atoms bzw. Ions der Ionisationsstufe i als oberste mögliche Begrenzung der diskreten Niveaus darstellt, während die Erniedrigung der Ionisationsenergie $\Delta E_{i,U}(p,T)$ nach UNSÖLD /7/,/1/ berechnet wird:

$$\Delta E_{i,U} = Z_{\text{eff}}^{2/3} \cdot 0{,}7 \cdot (n_e/10^{18})^{1/3} \quad [\text{eV}] \tag{7}$$

$Z_{\text{eff}} = 1$ wurde für alle Edelgase angenommen

Bei der Berechnung der Zustandssumme zeigte es sich, daß eine Druckabhängigkeit nur beim neutralen Atom berücksichtigt zu werden brauchte. Neue theoretische Überlegungen zur Berechnung der Erniedrigung der Ionisationsenergie in der SAHA-Gleichung und in der Zustandssumme sind in /3/ enthalten.

Aus den Beziehungen (1) - (3) läßt sich nun ein allgemeiner Ausdruck für die Elektronenteilchenzahl pro cm^3 n_e herleiten /8/:

$$n_e^2 + \sum_{j=0}^{i}{}' \frac{\prod_{j=0}^{i-1} F_j}{(k \cdot T)^j \cdot n_e^{j-1}} \left\{ (i+1)\, n_e - \frac{i \cdot p}{k \cdot T} \right\} = 0 \tag{8}$$

Wir erhalten für n_e eine Gleichung vom Grad $z + 1$, wenn z die höchste im Plasma vorkommende Ionisationsstufe bedeutet. In unserem Temperatur- und Druckgebiet gibt es nur einfache (z=1) bzw. zweifache (z=2) Ionisation. Die entsprechenden Gleichungen lauten:

$$n_e = \frac{F_1}{kT} \cdot \left\{ \sqrt{1 + \frac{p}{F_1}} - 1 \right\} \tag{8a}$$

$$n_e^3 + \frac{2F_1}{kT} \cdot n_e^2 + \frac{F_1}{(kT)^2}(3F_2 - p)\, n_e - \frac{2F_1}{(kT)^3} \cdot F_2 \cdot p = 0 \tag{8b}$$

Bei der Auswertung von (8) ist zu berücksichtigen, daß bei einem vorgegebenen Druck p jede Ionisationsstufe z nur in einem begrenzten Temperaturintervall merklich vertreten ist. Die höheren Glieder der Summe liefern in diesem Temperaturintervall so geringe Beiträge, daß n_e auch ohne ihre Berücksichtigung genügend genau bestimmt wird. Zur Kontrolle, wann das nächsthöhere Glied der Summe zu vernachlässigen ist, kann die nachstehende Ungleichung herangezogen werden /8/:

$$n_e^2 + \sum_{i=1}^{z} \frac{\prod_{j=0}^{i-1} F_j}{(kT)^i \cdot n_e^{i-1}} \left\{(i+1) \cdot n_e - \frac{i \cdot p}{kT}\right\} \tag{9}$$

$$\gg \frac{\prod_{j=0}^{z} F_j}{(kT)^{z+1} \cdot n_e^z} \times \left\{(z+2) \cdot n_e - \frac{(z+1) \cdot p}{kT}\right\}$$

Mit Hilfe der nach (8) berechneten $n_e(p,T)$ lassen sich nun alle anderen Teilchenzahlen pro cm^3 gewinnen. Es erweist sich als zweckmäßig, zuerst die Dichte der einfach ionisierten Atome zu ermitteln, für die sich der folgende allgemeine Ausdruck ergibt:

$$n_1 = \frac{n_e^2}{n_e + \sum_{i=2}^{z} \frac{i \cdot \prod_{j=2}^{i} F_{j-1}}{n_e^{i-2} \cdot (kT)^{i-1}}} \tag{10}$$

Die Neutralgasdichte wird dann für sämtliche Ionisationszustände gemäß

$$n_0 = \frac{n_1 \cdot n_e \cdot kT}{F_0} \tag{11}$$

gewonnen, während die Teilchenzahlen pro cm^3 aller höheren Ionisationszustände über die Gleichung

(12) $$n_j = \frac{n_{j-1} \cdot F_{j-1}}{n_e \cdot kT} \qquad j = 2, \ldots, z$$

zu berechnen sind.

1.3. Durchführung des Rechenprogramms

Die Durchführung des Rechenprogramms ist nur auf iterativem Wege möglich. Zuerst müssen die SAHA-Funktionen über Gleichung (1) mit Hilfe der ungestörten Ionisationsenergien $E_i^{\,o}$ sowie der druckunabhängigen Zustandssummen $Q_i^{\,o}$ ermittelt werden. Mit Hilfe dieser SAHA-Funktionen gelingt über Gleichung (8) die Berechnung der Elektronenteilchenzahlen $n_e^{\,o}(p,T)$ pro cm^3 in nullter Näherung. Unter Verwendung dieser angenäherten Werte ist jetzt über die Gleichungen (4) und (5) die Berechnung temperatur- und druckabhängiger SAHA-Funktionen $F_i(p,T)$ möglich. Damit erhalten wir über (8) Elektronenteilchenzahlen pro cm^3 in einer weiteren Näherung. Dies wird so lange wiederholt, bis sich im Rahmen der aus den Ergebnistabellen ersichtlichen Rechengenauigkeit die $n_e(p,T)$ - Werte zweier aufeinander folgender Iterationen nicht mehr voneinander unterscheiden. Dafür waren maximal 3 Iterationsschritte erforderlich. Mit Hilfe der so gewonnenen $n_e(p,T)$ - Werte werden dann unter Beachtung von (9) über die Gleichungen (1o),(11) und (12) die restlichen Teilchenzahlen pro cm^3 berechnet.

Als Beispiel sei die Elektronenteilchenzahl pro cm^3 für Argon bei 15 ooo ^oK und 3o atm angegeben. Zuerst berechnet man $n_e^{\,o}$= 1,7oo.1o^{18}(cm^{-3}), um dann über 3 Iterationsschritte den endgültigen Wert 1,899.1o^{18}(cm^{-3}) zu erhalten.

1.4. Erläuterung der Tabellen und graphischen Darstellungen

Die berechneten Zustandssummen $Q_i(p,T)$ sind im Teil 2.1.1. für die einzelnen Edelgase enthalten. Der Einfluß des Druckes auf die Zustandssumme des neutralen Atoms beginnt bei Argon (17 ooo °K) und ist bei Xenon erwartungsgemäß am größten, wo er sich bereits ab 13 ooo °K bemerkbar macht. Für Xenon zeigen wir diese Druckabhängigkeit in Abb. 6 des Teils 2.2.

Die Teilchenzahlen der einzelnen Edelgase pro cm^3 sind im Teil 2.1.2. enthalten. Die Berechnung geschah in Temperaturschritten von 1ooo °K von 1ooo °K an beginnend bis 2o ooo °K für die Druckwerte 1,2,3,4,5,6,7,8,9,1o,15,2o, 25,3o,35,4o,45,5o atm. Die graphischen Darstellungen des Teils 2.2. vermitteln einen Überblick: sie zeigen in den Abbildungen 1a,b,c bis 5a,b,c für die einzelnen Edelgase die Teilchenzahlen pro cm^3 bei 1,1o und 5o atm als Funktion der Temperatur.

1.5. Literaturhinweise

/1/ NEUMANN,W.: "Spektroskopische Methoden der Plasmadiagnostik" in: Ergebnisse der Plasmaphysik und der Gaselektronik,Bd.1,Berlin 1967

/2/ COHEN,E.R. und J.M.W.DUMOND: "Proceedings of the Second International Conference on Nuclidic Masses and Related Constants", Springer-Verlag,Wien 1964

/3/ GÜNDEL,H.: Beiträge aus der Plasmaphys.1o,455,(197o) 11,1,(1971)

/4/ ECKER,G. und W.KRÖLL: Forschungsberichte des Landes Nordrhein Westfalen,Nr.1221, Köln 1962

/5/ ECKER,G. und W.KRÖLL: Phys.of Fluids 6,62,(1963)

/6/ MOORE,C.E.: Atomic Energy Levels,NBS Circular Nr.467 Bd. 1-3

/7/ UNSÖLD,A.: Z.f.Astrophys. 24,355,(1948)

/8/ WORM,M.: unveröffentlicht

1. Design and explanation of the computing programme

1.1. Introduction

The knowledge of the plasma composition, i.e. of the particle number density for the various types of plasma particles (electrons, neutral atoms, ions of different ionization level) as a function of pressure and temperature is required for the calculation of plasma characteristics as well as for the evaluation of plasma parameters from pertinent measurement data. An accurate calculation of plasma composition can be successfully carried out for homogeneous plasmas in thermal equilibrium, the ionization behaviour of which is determined by the SAHA-formula.

The tables presented below include, for the case of a thermal plasma, the plasma composition for all inert gases - except the relatively short-lived, naturally radioactive radon - for a temperature range from 1ooo to 2o,ooo ^{o}K and a pressure range from 1 to 5o atm. The temperature and pressure ranges are selected to correspond largely to the hitherto known and to the expected future applications of thermal inert-gas plasmas.

The following sections give a survey of the theoretical principles for the calculation of particle number densities. They are followed by the results of the calculations, presented in the form of tables and diagrams.

The following table presents informations on the employed physical quantities and their numerical values /2/.

quantity	dimension	explanation
T	^{o}K	temperature
p	atm	pressure, 1atm=1,o1325.1o^{6} dyn/ cm^{2}

quantity	dimension	explanation
n_e	cm^{-3}	electron number density
n_i	cm^{-3}	number density of ionization level i (i = o neutral atom)
E_i	eV	ionization potential of the ionization level i (i = o neutral atom), 1 eV = $1{,}6o2.1o^{-12}$ erg, 1 erg = 1 $cm^2.g.s^{-2}$
Q_i		partition function of the ionization level i (i = o neutral atom)
k	erg/degree	BOLTZMANN constant $k = 1{,}38o5.1o^{-16}$ $erg.deg^{-1}$
e	$cm^{3/2}.g^{1/2}.s^{-1}$	elementary charge $e = 4{,}8o3.1o^{-1o}$ electrostatic units
h	erg.s	PLANCK constant $h = 6{,}6256.1o^{-27}$ erg.s
g_m		statistical weight of the term m
ε		dielectric constant ε = 1 esu-cgs
$\varkappa$	cm^{-1}	reciprocal DEBYE radius $\varkappa = \left[\frac{4\pi}{\varepsilon}\sum_{i=1}^{z}\frac{n_i \cdot e^2 \cdot i^2}{kT}\right]^{1/2}$

1.2. Calculation of the plasma composition /1/,/3/

In the case of a thermal plasma, all plasma partners have the same temperature T. It is the object of calculation to determine the numbers pro cm^3 of electrons n_e, of neutral atoms n_o and of ions at the different ionization levels n_i ($i = 1,\ldots,z$) for the given pressure and temperature ranges. These particle numbers are obtained using the following relations:

1. SAHA-formula for the ionization equilibrium in the plasma

$$(1)\quad F_i(p,T) = \frac{n_{i+1} \cdot p_e}{n_i} = \frac{2\,Q_{i+1}(p,T)}{Q_i(p,T)} \cdot \frac{(2\pi m_e)^{3/2}}{h^3} \cdot (kT)^{5/2} \cdot e^{-\frac{E_i(p,T)}{kT}}$$

$i = o,1,\ldots,z-1$, where z means the highest ionization level occuring in the plasma

$E_i(p,T)$ = temperature- and pressure-dependent ionization potential of the ionization level i

$Q_i(p,T)$ = temperature- and pressure-dependent partition function of the ionization level i

2. State equation for ideal gases, that means we consider the thermal plasma to be an ideal gas within the investigated temperature and pressure ranges /1/

$$(2)\quad p = \left(n_e + \sum_{i=0}^{z} n_i\right) \cdot kT = p_e + \sum_{i=0}^{z} p_i$$

3. Condition of quasi-neutrality for the charge carriers within the plasma, that means externally the plasma appears electrically neutral

$$(3)\quad n_e = \sum_{j=1}^{z} i \cdot n_i$$

In the pressure- and temperature-dependent ionization potential term $E_i(p,T)$, the reduction of ionization potential within a plasma $\Delta E_{i,EK}(p,T)$, according to ECKER and KRÖLL /4/,/5/, is taken in account.

$$E_i(p, T) = E_i^0 - \Delta E_{i,EK}(p, T) \tag{4}$$

$E_i^{\,o}$ = ionization potential of the undisturbed atom or ion of the ionization level i, respectively

$$\Delta E_{i,EK} = \frac{e^2 \cdot \varkappa}{\varepsilon} (i + 1) \quad \text{(see table above)}$$

The partition function $Q_i(p,T)$ is calculated according to the following relation

$$Q_i(p, T) = \sum_{n=0}^{n'} g_n \cdot e^{-\frac{E_n}{kT}} \tag{5}$$

where $g_n = 2J_n + 1$, the statistical weight, and E_n means the excitation potential of the level n. The J_n- and E_n-values have been taken from the tables of MOORE /7/.

The limitation of the partition function involved by the plasma finds its expression in (5) by the pressure- and temperature-dependent n'(p,T). The calculation includes only those terms which lie below this limiting term n'(p,T) with the limiting potential $E_n'(p,T)$, which has been determined according to

$$E_{n'}(p, T) = E_i^0 - \Delta E_{i,U}(p, T) \tag{6}$$

where $E_i^{\,o}$ represents again the ionization potential of the undisturbed atom or ion of the ionization level i, as the highest possible limitation of the discrete levels, whereas the reduction of ionization potential $\Delta E_{i,U}(p,T)$ is calculated according to UNSÖLD /7/,/1/ :

$$\Delta E_{i,U} = Z_{\text{eff}}^{2/3} \cdot 0{,}7 \cdot (n_e/10^{18})^{1/3} \qquad [\text{eV}] \tag{7}$$

For all inert gases it has been supposed that $Z_{eff}=1$ In calculating the partition functions it turned out that a pressure dependency has to be taken into account only for the neutral atom. New theoretical considerations for the calculation of the reduction of ionization potential in the SAHA-formula and in the partition function are contained in /3/.

Now a general formula for the electron number density n_e can be derived from the relations (1)-(3) /8/ :

$$n_e^2 + \sum_{j=0}^{z} \frac{\prod_{j=0}^{i-1} F_j}{(k \cdot T)^j \cdot n_e^{j-1}} \left\{ (i+1)\, n_e - \frac{i \cdot p}{k \cdot T} \right\} = 0 \tag{8}$$

An equation of degree z + 1 is obtained for n_e, where z means the highest ionization level occuring in the plasma. In our temperature- and pressure range we have only single (z=1) or double (z=2) ionization. Then we have the relations :

$$n_e = \frac{F_1}{kT} \cdot \left\{ \sqrt{1 + \frac{p}{F_1}} - 1 \right\} \tag{8a}$$

$$n_e^3 + \frac{2F_1}{kT} \cdot n_e^2 + \frac{F_1}{(kT)^2} (3F_2 - p)\, n_e - \frac{2F_1}{(kT)^3} \cdot F_2 \; p = 0 \tag{8b}$$

In evaluating (8) it should be taken into account that for a given pressure p each ionization level z is present in an appreciable quantity only within a limited temperature interval. Within this temperature interval the contributions of the higher terms of the sum are so small that n_e can be determined with sufficient accuracy also without taking them into account. For checking the possibility of neglecting the next higher term of the sum, the following inequality can be used /8/ :

$$(9) \qquad n_e^2 + \sum_{i=1}^{z} \frac{\prod_{j=0}^{i-1} F_j}{(kT)^i \cdot n_e^{i-1}} \left\{ (i+1) \cdot n_e - \frac{i \cdot p}{kT} \right\}$$

$$\gg \frac{\prod_{j=0}^{z} F_j}{(kT)^{z+1} \cdot n_e^z} \times \left\{ (z+2) \; n_e - \frac{(z+1) \cdot p}{kT} \right\}$$

Now all other particle number densities can be obtained by means of the $n_e(p,T)$-values calculated according to (8). It proves useful to determine at first the density of singly ionized atoms, for which the following relation is obtained:

$$(10) \qquad n_1 = \frac{n_e^2}{n_e + \sum_{i=2}^{z} \frac{i \cdot \prod_{j=2}^{i} F_{j-1}}{n_e^{i-2} \cdot (kT)^{i-1}}}$$

Then the density of the neutral gas for all states of ionization is determined as follows :

$$(11) \qquad n_0 = \frac{n_1 \cdot n_e \cdot kT}{F_0}$$

whereas the particle number densities for all higher ionization levels can be calculated according to the following relation:

$$n_j = \frac{n_{j-1} \cdot F_{j-1}}{n_e \cdot kT} \qquad j = 2, \ldots, z \tag{12}$$

1.3. Execution of the computation programme

The computation programme can be carried out only in an iterative way. At first the SAHA-functions (1) can be determined only with the use of the undisturbed ionization potentials E_i^o and the pressure-independent partition functions Q_i^o. Using these SAHA-functions, the approximate electron number density $n_e^o(p,T)$ can be calculated by means of equation (8). With the use of these approximate values now the temperature- and pressure dependent SAHA-functions $E_i(p,T)$ can be calculated by means of equations (4) and (5). On this basis higher degree approximation for the electron number density is obtained by means of equation (8). This procedure is repeated until the $n_e(p,T)$-values of two successive iterations do no longer differ from each other within the limits of computation accuracy stated in the tables. At the most three iterations steps were required to satisfy this condition. Using the $n_e(p,T)$-values thus obtained on the basis of inequality (9) and equations (1o),(11) and (12) the remaining particle number densities $n_i(p,T)$ are calculated.

As an example the electron number density for an plasma at 15,ooo ^oK and 3o atm shall be evaluated. At first one calculates n_e^o=1,7oo.1o^{18} cm^{-3} and then, via three further approximations n_e=1,899.1o^{18}cm^{-3} is obtained.

1.4. Explanation of the tables and diagrams

The calculated partition functions $Q_i(p,T)$ are included in the section 2.1.1. for the respective inert gases. The influence of pressure on the partition function of the neutral atom is at first observable for the element argon (beginning with T = 17,ooo °K) and, as expected, reaches its maximum with xenon, where it can be observed already at 13,ooo °K. For xenon this pressure-dependence is shown in diagram 6 of the section 2.2.

The particle number densities of the respective inert gases are included in the section 2.1.2. The calculation has been carried out using temperature steps of 1ooo °K, starting at 1ooo °K and covering a range up to 2o,ooo °K, for the pressure values 1,2,3,4,5,6,7,8,9,1o,15,2o,25,3o, 35,4o,45 and 5o atm. The diagrams in the section 2.2. give a survey: they show the particle number densities for the respective inert gases at 1,1o and 5o atm as function of temperature.

2. Ergebnisse - Results

2.1. Tabellen - Tables

2.1.1. Zustandssummen - Partition functions

Helium
Neon
Argon
Krypton
Xenon

2.1.2. Teilchenzahlen pro cm^3 - Particle number densities (cm^{-3})

Helium
Neon
Argon
Krypton
Xenon

2.2. Graphische Darstellungen - Diagrams

Teilchenzahlen pro cm^3 als Funktion der Temperatur - Particle number densities (cm^{-3}) as function of temperature

Abb. 1a,b,c: Helium bei 1,1o und 5o atm
Abb. 2a,b,c: Neon bei 1,1o und 5o atm
Abb. 3a,b,c: Argon bei 1,1o und 5o atm
Abb. 4a,b,c: Krypton bei 1,1o und 5o atm
Abb. 5a,b,c: Xenon bei 1,1o,und 5o atm

Abb. 6: Druckabhängigkeit der Zustandssumme Q_o bei Xenon - Pressure-dependence of the partition function Q_o for Xenon

Zustanassummen von Helium - Partition functions for helium

Für Temperaturen bis 20000°K gilt:

$Q_o = 1$, $Q_1 = 2$.

Zustandssummen von Neon - Partition functions for neon

T/°K/	Q_o	Q_1	Q_2
1000	1,000	4,649	6,441
2000	1,000	5,139	7,397
3000	1,000	5,374	7,836
4000	1,000	5,510	8,091
5000	1,000	5,597	8,257
6000	1,000	5,658	8,378
7000	1,000	5,703	8,476
8000	1,000	5,738	8,564
9000	1,000	5,765	8,647
10000	1,000	5,787	8,729
11000	1,000	5,806	8,812
12000	1,000	5,821	8,897
13000	1,000	5,834	8,983
14000	1,000	5,846	9,069
15000	1,000	5,855	9,158
16000	1,000	5,864	9,246
17000	1,001	5,872	9,334
18000	1,001	5,879	9,422
19000	1,002	5,885	9,509
20000	1,004	5,891	9.595

Zustandssummen von Argon - Partition functions for argon

T/°K/	Q_o	Q_1	Q_2
1000	1,000	4,255	5,710
2000	1,000	4,714	6,671
3000	1,000	5,006	7,236
4000	1,000	5,195	7,611
5000	1,000	5,324	7,903
6000	1,000	5,420	8,157
7000	1,000	5,490	8,392
8000	1,000	5,546	8,615
9000	1,000	5,591	8,826
10000	1,000	5,628	9,028
11000	1,000	5,658	9,221
12000	1,001	5,684	9,400
13000	1,002	5,707	9,579
14000	1,005	5,726	9,744
15000	1,011	5,743	9,902
16000	1,022	5,759	10,051
17000		5,773	10,194
18000		5,786	10,329
19000		5,798	10,459
20000		5,811	10,582

$Q_o(p,T)$-Werte von Argon

T/°K/ p/atm/	17000	18000	19000	20000
1	1,038	1,061	1,090	1,132
2	1,038	1,061	1,090	1,131
3	1,038	1,061	1,089	1,130
4	1,038	1,061	1,089	1,130
5	1,038	1,060	1,088	1,129
6	1,038	1,060	1,088	1,128
7	1,038	1,060	1,088	1,127
8	1,038	1,060	1,087	1,126
9	1,037	1,060	1,087	1,126
10	1,037	1,059	1,086	1,124
15	1,037	1,058	1,084	1,121
20	1,037	1,058	1,082	1,117
25	1,036	1,057	1,080	1,113
30	1,036	1,056	1,078	1,109
35	1,036	1,055	1,076	1,106
40	1,035	1,054	1,074	1,102
45	1,035	1,053	1,072	1,098
50	1,035	1,052	1,070	1,094

Zustandssummen von Krypton - Partition functions for krypton

T/°K/	Q_0	Q_1	Q_2
1000	1,000	4,001	5,005
2000	1,000	4,042	5,136
3000	1,000	4,152	5,421
4000	1,000	4,290	5,758
5000	1,000	4,426	6,101
6000	1,000	4,552	6,437
7000	1,000	4,663	6,761
8000	1,000	4,761	7,070
9000	1,000	4,847	7,364
10000	1,000	4,923	7,641
11000	1,002	4,991	7,901
12000	1,004	5,050	8,150
13000	1,009	5,104	8,383
14000	1,021	5,152	8,602
15000		5,196	8,809
16000		5,236	9,004
17000		5,273	9,188
18000		5,309	9,363
19000		5,345	9,528
20000		5,380	9,686

$Q_o(p,T)$-Werte von Krypton

T/°K/ p/atm/	15000	16000	17000	18000	19000	20000
1	1,034	1,057	1,110	1,183	1,341	1,425
2	1,027	1,049	1,083	1,137	1,214	1,323
3	1,022	1,040	1,065	1,112	1,167	1,252
4	1,019	1,032	1,050	1,083	1,129	1,195
5	1,017	1,030	1,048	1,076	1,114	1,164
6	1,016	1,030	1,047	1,074	1,111	1,161
7	1,016	1,029	1,046	1,073	1,109	1,157
8	1,016	1,029	1,046	1,071	1,107	1,154
9	1,016	1,028	1,045	1,070	1,105	1,151
10	1,016	1,028	1,044	1,069	1,103	1,149
15	1,015	1,026	1,042	1,065	1,096	1,138
20	1,015	1,025	1,040	1,061	1,091	1,130
25	1,014	1,025	1,038	1,059	1,086	1,123
30	1,014	1,024	1,037	1,056	1,083	1,117
35	1,014	1,023	1,036	1,054	1,079	1,112
40	1,013	1,022	1,035	1,052	1,076	1,108
45	1,013	1,022	1,034	1,049	1,069	1,095
50	1,013	1,021	1,034	1,047	1,066	1,092

Zustandssummen von Xenon - Partition functions for xenon

T/°K/	Q_o	Q_1	Q_2
1000	1,000	4,000	5,000
2000	1,000	4,001	5,003
3000	1,000	4,013	5,049
4000	1,000	4,045	5,153
5000	1,000	4,096	5,312
6000	1,000	4,160	5,511
7000	1,000	4,229	5,738
8000	1,000	4,301	5,979
9000	1,001	4,371	6,226
10000	1,002	4,439	6,476
11000	1,004	4,504	6,719
12000	1,009	4,566	6,959
13000		4,625	7,190
14000		4,682	7,414
15000		4,737	7,630
16000		4,792	7,839
17000		4,849	8,037
18000		4,909	8,230
19000		4,975	8,419
20000		5,049	8,603

Q_o(p,T)-Werte von Xenon

T/°K/ p/atm/	13ooo	14ooo	15ooo	16ooo
1	1,o22	1,o42	1,o76	1,123
2	1,o21	1,o37	1,o66	1,116
3	1,o19	1,o36	1,o61	1,o99
4	1,o19	1,o35	1,o61	1,o96
5	1,o18	1,o33	1,o51	1,o82
6	1,o17	1,o3o	1,o5o	1,o82
7	1,o16	1,o29	1,o49	1,o79
8	1,o16	1,o29	1,o49	1,o79
9	1,o16	1,o29	1,o49	1,o79
1o	1,o16	1,o29	1,o49	1,o79
15	1,o16	1,o29	1,o44	1,o71
2o	1,o16	1,o26	1,o44	1,o71
25	1,o15	1,o26	1,o44	1,o71
3o	1,o14	1,o26	1,o44	1,o67
35	1,o14	1,o26	1,o42	1,o62
4o	1,o14	1,o25	1,o39	1,o6o
45	1,o14	1,o23	1,o37	1,o5o
5o	1,o14	1,o23	1,o37	1,o43

$Q_o(p,T)$-Werte von Xenon

T/°K/ p/atm/	17ooo	18ooo	19ooo	2oooo
1	1,192	1,285	1,4o7	1,6o7
2	1,18o	1,267	1,38o	1,523
3	1,153	1,226	1,317	1,434
4	1,149	1,219	1,3o8	1,426
5	1,127	1,213	1,3oo	1,412
6	1,124	1,181	1,26o	1,353
7	1,12o	1,174	1,253	1,343
8	1,12o	1,174	1,244	1,33o
9	1,12o	1,174	1,244	1,33o
1o	1,12o	1,174	1,244	1,33o
15	1,1o7	1,154	1,214	1,323
2o	1,1o7	1,154	1,214	1,288
25	1,1o7	1,154	1,214	1,288
3o	1,1o1	1,146	1,2o1	1,27o
35	1,o96	1,134	1,186	1,25o
4o	1,o93	1,138	1,186	1,25o
45	1,o73	1,1o2	1,141	1,196
5o	1,o63	1,o9o	1,122	1,161

Helium

$T/^{o}K/$	1 atm		2 atm	
	$n_e/cm^{-3}/$	$n_o/cm^{-3}/$	$n_e/cm^{-3}/$	$n_o/cm^{-3}/$
1000		7,340 10^{18}		1,468 10^{19}
2000		3,670 "		7,340 "
3000		2,447 "		4,893 10^{18}
4000	2,191 10^{4}	1,835 "	3,098 10^{4}	3,670 "
5000	2,896 10^{6}	1,468 "	4,096 10^{6}	2,936 "
6000	3,518 10^{9}	1,223 "	4,976 10^{9}	2,447 "
7000	1,091 10^{11}	1,049 "	1,543 10^{11}	2,097 "
8000	1,441 10^{12}	9,175 10^{17}	2,038 10^{12}	1,835 "
9000	1,076 10^{13}	8,155 "	1,522 10^{13}	1,631 "
10000	5,024 "	7,339 "	7,106 "	1,468 "
11000	2,021 10^{14}	6,668 "	2,859 10^{14}	1,334 "
12000	6,085 "	6,104 "	8,613 "	1,222 "
13000	1,548 10^{15}	5,615 "	2,194 10^{15}	1,125 "
14000	3,445 "	5,174 "	4,888 "	1,039 "
15000	6,872 "	4,756 "	9,773 "	9,591 10^{17}
16000	1,251 10^{16}	4,337 "	1,787 10^{16}	8,817 "
17000	2,099 "	3,898 "	3,016 "	8,031 "
18000	3,277 "	3,422 "	4,766 "	7,202 "
19000	4,780 "	2,907 "	7,065 "	6,313 "
20000	6,527 "	2,364 "	9,868 "	5,366 "

Helium

$T/^oK/$	3 atm		4 atm	
	$n_e/cm^{-3}/$	$n_o/cm^{-3}/$	$n_e/cm^{-3}/$	$n_o/cm^{-3}/$
1ooo		2,2o2 $1o^{19}$		2,936 $1o^{19}$
2ooo		1,1o1 "		1,468 "
3ooo		7,34o $1o^{18}$		9,786 $1o^{18}$
4ooo	3,795 $1o^{4}$	5,5o5 "	4,382 $1o^{4}$	7,34o "
5ooo	5,o17 $1o^{6}$	4,4o4 "	5,793 $1o^{6}$	5,872 "
6ooo	6,o94 $1o^{9}$	3,67o "	7,o37 $1o^{9}$	4,893 "
7ooo	1,89o $1o^{11}$	3,146 "	2,182 $1o^{11}$	4,194 "
8ooo	2,5oo $1o^{12}$	2,752 "	2,882 $1o^{12}$	3,67o "
9ooo	1,864 $1o^{13}$	2,445 "	2,153 $1o^{13}$	3,262 "
1oooo	9,344 "	2,2o2 "	1,o79 $1o^{14}$	2,936 "
11ooo	3,5o2 $1o^{14}$	2,oo1 "	4,o46 "	2,668 "
12ooo	1,o56 $1o^{15}$	1,833 "	1,22o $1o^{15}$	2,444 "
13ooo	2,689 "	1,688 "	3,1o7 "	2,252 "
14ooo	5,995 "	1,561 "	6,932 "	2,o83 "
15ooo	1,2o1 $1o^{16}$	1,444 "	1,389 $1o^{16}$	1,929 "
16ooo	2,198 "	1,332 "	2,545 "	1,784 "
17ooo	3,729 "	1,221 "	4,327 "	1,641 "
18ooo	5,916 "	1,1o5 "	6,56o "	1,5oo "
19ooo	8,719 "	9,845 $1o^{17}$	1,o33 $1o^{17}$	1,339 "
2oooo	1,246 $1o^{17}$	8,518 "	1,466 "	1,175 "

Helium

$T/^{o}K/$	5 atm $n_e/cm^{-3}/$	5 atm $n_o/cm^{-3}/$	6 atm $n_e/cm^{-3}/$	6 atm $n_o/cm^{-3}/$
1000		$3,670\ 10^{19}$		$4,404\ 10^{19}$
2000		1,835 "		2,202 "
3000		1,223 "		1,468 "
4000	$4,899\ 10^{4}$	$9,175\ 10^{18}$	$5,366\ 10^{4}$	1,101 "
5000	$6,476\ 10^{6}$	7,340 "	$7,095\ 10^{6}$	$8,808\ 10^{18}$
6000	$7,867\ 10^{9}$	6,166 "	$8,168\ 10^{9}$	7,340 "
7000	$2,440\ 10^{11}$	5,243 "	$2,673\ 10^{11}$	6,291 "
8000	$3,222\ 10^{12}$	4,587 "	$3,529\ 10^{12}$	5,505 "
9000	$2,405\ 10^{13}$	4,078 "	$2,637\ 10^{13}$	4,893 "
10000	$1,206\ 10^{14}$	3,670 "	$1,321\ 10^{14}$	4,404 "
11000	4,523 "	3,335 "	4,955 "	4,002 "
12000	$1,364\ 10^{15}$	3,055 "	$1,495\ 10^{15}$	3,667 "
13000	3,476 "	2,816 "	3,808 "	3,380 "
14000	7,758 "	2,606 "	8,500 "	3,129 "
15000	$1,555\ 10^{16}$	2,415 "	$1,705\ 10^{16}$	2,902 "
16000	2,853 "	2,237 "	3,130 "	2,690 "
17000	4,856 "	2,062 "	5,335 "	2,484 "
18000	7,744 "	1,884 "	8,513 "	2,276 "
19000	$1,165\ 10^{17}$	1,926 "	$1,284\ 10^{17}$	2,057 "
20000	1,661 "	1,503 "	1,836 "	1,835 "

Helium

T/°K/	7 atm		8 atm	
	n_e/cm^{-3}/	n_o/cm^{-3}/	n_e/cm^{-3}/	n_o/cm^{-3}/
1000		5,138 10^{19}		5,872 10^{19}
2000		2,569 "		2,936 "
3000		1,713 "		1,957 "
4000	5,796 10^{4}	1,284 "	6,196 10^{4}	1,468 "
5000	7,663 10^{6}	1,028 "	8,193 10^{6}	1,174 "
6000	9,309 10^{9}	8,563 10^{18}	9,951 10^{9}	9,786 10^{18}
7000	2,887 10^{11}	7,340 "	3,086 10^{11}	8,388 "
8000	3,812 10^{12}	6,422 "	4,077 10^{12}	7,340 "
9000	2,848 10^{13}	5,709 "	3,044 10^{13}	6,524 "
10000	1,427 10^{14}	5,132 "	1,527 10^{14}	5,871 "
11000	5,352 "	4,670 "	5,725 "	5,327 "
12000	1,614 10^{15}	4,278 "	1,726 10^{15}	4,890 "
13000	4,116 "	3,944 "	4,400 "	4,508 "
14000	9,188 "	3,651 "	9,828 "	4,174 "
15000	1,843 10^{16}	3,388 "	1,973 10^{16}	3,875 "
16000	3,283 "	3,145 "	3,667 "	3,596 "
17000	5,774 "	2,907 "	6,184 "	3,330 "
18000	9,232 "	2,670 "	9,900 "	3,064 "
19000	1,394 10^{17}	2,425 "	1,497 10^{17}	2,791 "
20000	1,999 "	2,169 "	2,152 "	2,506 "

Helium

T/°K/	9 atm n_e/cm^{-3}/	9 atm n_o/cm^{-3}/	1o atm n_e/cm^{-3}/	1o atm n_o/cm^{-3}/
1ooo		6,6o6 $1o^{19}$		7,34o $1o^{19}$
2ooo		3,2o3 "		3,67o "
3ooo		2,2o2 "		2,447 "
4ooo	6,572 $1o^{4}$	1,651 "	6,928 $1o^{4}$	1,835 "
5ooo	8,689 $1o^{6}$	1,321 "	9,159 $1o^{6}$	1,468 "
6ooo	1,o56 $1o^{1o}$	1,1o1 "	1,113 $1o^{1o}$	1,223 "
7ooo	3,273 $1o^{11}$	9,437 $1o^{18}$	3,451 $1o^{11}$	1,o49 "
8ooo	4,326 $1o^{12}$	8,257 "	4,558 $1o^{12}$	9,175 $1o^{18}$
9ooo	3,229 $1o^{13}$	7,34o "	3,4o4 $1o^{13}$	8,155 "
1oooo	1,619 $1o^{14}$	6,6o5 "	1,7o7 $1o^{14}$	7,339 "
11ooo	6,o72 "	6,oo4 "	6,4o1 "	6,671 "
12ooo	1,831 $1o^{15}$	5,5o1 "	1,931 $1o^{15}$	6,112 "
13ooo	4,67o "	5,o72 "	4,923 "	5,636 "
14ooo	1,o43 $1o^{16}$	4,697 "	1,1oo $1o^{16}$	5,221 "
15ooo	2,o94 "	4,362 "	2,2o8 "	4,849 "
16ooo	3,848 "	4,o52 "	4,o6o "	4,5o6 "
17ooo	6,557 "	3,775 "	6,937 "	4,179 "
18ooo	1,o53 $1o^{17}$	3,458 "	1,112 $1o^{17}$	3,855 "
19ooo	1,594 "	3,158 "	1,686 "	3,526 "
2oooo	2,294 "	2,844 "	2,429 "	3,184 "

Helium

T/°K/	15 atm		2o atm	
	n_e/cm^{-3}/	n_o/cm^{-3}/	n_e/cm^{-3}/	n_o/cm^{-3}/
1ooo		1,1o1 $1o^{2o}$		1,468 $1o^{2o}$
2ooo		5,5o5 $1o^{19}$		7,34o $1o^{19}$
3ooo		3.67o "		4,893 "
4ooo	8,484 $1o^{4}$	2,752 "	9,797 $1o^{4}$	3,67o "
5ooo	1.122 $1o^{7}$	2,2o2 "	1,295 $1o^{7}$	2,936 "
6ooo	1,363 $1o^{1o}$	1,835 "	1,574 $1o^{1o}$	2,447 "
7ooo	4,226 $1o^{11}$	1,573 "	4,88o $1o^{11}$	2,o97 "
8ooo	5,583 $1o^{12}$	1,376 "	6,447 $1o^{12}$	1,835 "
9ooo	4,171 $1o^{13}$	1,223 "	4,816 $1o^{13}$	1,631 "
1oooo	2,o9o $1o^{14}$	1,1o1 "	2,415 $1o^{14}$	1,468 "
11ooo	7,844 "	1,oo1 "	9,o57 "	1,334 "
12ooo	1,931 $1o^{15}$	9,17o $1o^{18}$	2,773 $1o^{15}$	1,223 "
13ooo	6,o36 "	8,457 "	6,974 "	1,128 "
14ooo	1,349 $1o^{16}$	7,837 "	1,559 $1o^{16}$	1,o45 "
15ooo	2,71o "	7,285 "	3,135 "	9,723 $1o^{18}$
16ooo	4,99o "	6,781 "	5,777 "	9,o59 "
17ooo	8,538 "	6,3o5 "	9,897 "	8,437 "
18ooo	1,371 $1o^{17}$	5,842 "	1,593 $1o^{17}$	7,837 "
19ooo	2,o88 "	5,377 "	2,429 "	7,24o "
2oooo	3,o24 "	4,9oo "	3,529 "	6,634 "

Helium

T/°K/	25 atm		30 atm	
	n_e/cm^{-3}/	n_o/cm^{-3}/	n_e/cm^{-3}/	n_o/cm^{-3}/
1000		1,835 10^{20}		2,202 10^{20}
2000		9,175 10^{19}		1,101 "
3000		6,116 "		7,340 10^{19}
4000	1,095 10^{5}	4,587 "	1,200 10^{5}	5,505 "
5000	1,448 10^{7}	3,670 "	1,587 10^{7}	4,404 "
6000	1,759 10^{10}	3,058 "	1,927 10^{10}	3,670 "
7000	4,456 10^{11}	2,621 "	5,977 10^{11}	3,146 "
8000	7,208 10^{12}	2,294 "	7,895 10^{12}	2,752 "
9000	5,340 10^{13}	2,039 "	5,898 10^{13}	2,445 "
10000	2,700 10^{14}	1,835 "	2,958 10^{14}	2,202 "
11000	1,013 10^{15}	1,668 "	1,110 10^{15}	2,002 "
12000	3,058 "	1,529 "	3,351 "	1,835 "
13000	7,805 "	1,410 "	8,550 "	1,692 "
14000	1,745 10^{16}	1,307 "	1,913 10^{16}	1,569 "
15000	3,510 "	1,216 "	3,848 "	1,460 "
16000	6,469 "	1.134 "	7,097 "	1,362 "
17000	1,109 10^{17}	1,057 "	1,218 10^{17}	1,271 "
18000	1,787 "	9,837 10^{18}	1,964 "	1,184 "
19000	2,729 "	9,112 "	3,003 "	1,098 "
20000	3,974 "	8,380 "	4,602 "	1,009 "

Helium

$T/^{o}K/$	35 atm		4o atm	
	$n_e/cm^{-3}/$	$n_o/cm^{-3}/$	$n_e/cm^{-3}/$	$n_o/cm^{-3}/$
1ooo		2,569 1o^{2o}		2,936 1o^{2o}
2ooo		1,284 "		1,468 "
3ooo		8,563 1o^{19}		7,986 1o^{19}
4ooo	1,296 1o^{5}	6,422 "	1,386 1o^{5}	7,34o "
5ooo	1,714 1o^{7}	5,138 "	1,832 1o^{7}	5,872 "
6ooo	2,o82 1o^{1o}	4,281 "	2,225 1o^{1o}	4,893 "
7ooo	6,455 1o^{11}	3,67o "	6,9o1 1o^{11}	4,194 "
8ooo	8,528 1o^{12}	3,211 "	9,117 1o^{12}	3,67o "
9ooo	6,371 1o^{13}	2,579 "	6,811 1o^{13}	3,262 "
1oooo	3,146 1o^{14}	2,569 "	3,417 1o^{14}	2,936 "
11ooo	1,199 1o^{15}	2,335 "	1,282 1o^{15}	2,669 "
12ooo	3,62o "	2,14o "	3,871 "	2,446 "
13ooo	9,24o "	1,978 "	9,883 "	2,239 "
14ooo	2,o68 1o^{16}	1,831 "	2,212 1o^{16}	2,o93 "
15ooo	4,161 "	1,629 "	4,452 "	1,948 "
16ooo	7,676 "	1,59o "	8,22o "	1,818 "
17ooo	1,317 1o^{17}	1,485 "	1,4o9 1o^{17}	1,699 "
18ooo	2,126 "	1,385 "	2,278 "	1,585 "
19ooo	3,255 "	1,287 "	3,488 "	1,475 "
2oooo	4,752 "	1,189 "	5,o99 "	1,366 "

Helium

T/°K/	45 atm		50 atm	
	n_e/cm^{-3}/	n_o/cm^{-3}/	n_e/cm^{-3}/	n_o/cm^{-3}/
1000		3,303 10^{20}		3,670 10^{20}
2000		1,651 "		1,835 "
3000		1,101 "		1,223 "
4000	1,470 10^{5}	8,257 10^{19}	1,549 10^{5}	9,175 10^{19}
5000	1,943 10^{7}	6,606 "	2,048 10^{7}	7,340 "
6000	2,360 10^{10}	5,505 "	2,488 10^{10}	6,116 "
7000	7,320 10^{11}	4,718 "	7,716 10^{11}	5,243 "
8000	9,670 10^{12}	4,129 "	1,019 10^{13}	4,587 "
9000	7,224 10^{13}	3,670 "	7,618 "	4,078 "
10000	3,624 10^{14}	3,303 "	3,820 10^{14}	3,670 "
11000	1,360 10^{15}	3,002 "	1,434 10^{15}	3,336 "
12000	4,106 "	2,751 "	4,331 "	3,057 "
13000	1,049 10^{16}	2,539 "	1,106 10^{16}	2,821 "
14000	2,347 "	2,192 "	2,475 "	2,572 "
15000	4,725 "	2,107 "	4,983 "	2,437 "
16000	8,717 "	2,047 "	9,307 "	2,275 "
17000	1,499 10^{17}	1,913 "	1,581 10^{17}	2,127 "
18000	2,421 "	1,787 "	2,556 "	1,988 "
19000	3,710 "	1,664 "	3,919 "	1,817 "
20000	5,428 "	1,543 "	5,737 "	1,718 "

Neon

T/°K/	1 atm		2 atm	
	n_e/cm^{-3}/	n_o/cm^{-3}/	n_e/cm^{-3}/	n_o/cm^{-3}/
1000		7,340 10^{18}		1,468 10^{19}
2000		3,670 "		7,340 10^{18}
3000	7,941 10^{1}	2,447 "	1,123 10^{2}	4,893 "
4000	2,744 10^{6}	1,835 "	3,880 10^{6}	3,670 "
5000	1,614 10^{9}	1,468 "	2,282 10^{9}	2,936 "
6000	1,099 10^{11}	1,223 "	1,554 10^{11}	2,447 "
7000	2,255 10^{12}	1,049 "	3,189 10^{12}	2,097 "
8000	2,185 10^{13}	9,174 10^{17}	3,090 10^{13}	1,834 "
9000	1,283 10^{14}	8,152 "	1,815 10^{14}	1,631 "
10000	5,304 "	7,329 "	7,427 "	1,466 "
11000	1,794 10^{15}	6,637 "	2,404 10^{15}	1,330 "
12000	4,469 "	6,027 "	6,347 "	1,211 "
13000	1,010 10^{16}	5,444 "	1,439 10^{16}	1,100 "
14000	2,010 "	4,839 "	2,885 "	9,908 10^{17}
15000	3,581 "	4,177 "	5,201 "	8,746 "
16000	5,760 "	3,435 "	8,528 "	7,469 "
17000	8,389 "	2,640 "	1,279 10^{17}	6,076 "
18000	1,108 10^{17}	1,861 "	1,760 "	4,635 "
19000	1,328 "	1,206 "	2,212 "	3,302 "
20000	1,481 "	7,078 10^{16}	2,597 "	2,145 "

Neon

T/°K/	3 atm		4 atm	
	n_e/cm^{-3}/	n_o/cm^{-3}/	n_e/cm^{-3}/	n_o/cm^{-3}/
1000		2,202 10^{19}		2,936 10^{19}
2000		1,101 "		1,468 "
3000	1,375 10^{2}	7,340 10^{18}	1,588 10^{2}	9,786 10^{18}
4000	4,752 10^{6}	5,505 "	5,487 10^{6}	7,340 "
5000	2,795 10^{9}	4,404 "	3,228 10^{9}	5,872 "
6000	1,903 10^{11}	3,670 "	2,198 10^{11}	4,893 "
7000	3,906 10^{12}	3,146 "	4,510 10^{12}	4,194 "
8000	3,786 10^{13}	2,752 "	4,732 10^{13}	3,669 "
9000	2,223 10^{14}	2,446 "	2,569 10^{14}	3,262 "
10000	9,206 "	2,200 "	1,063 10^{15}	2,934 "
11000	2,949 10^{15}	1,996 "	3,407 "	2,662 "
12000	7,788 "	1,819 "	9,007 "	2,429 "
13000	1,770 10^{16}	1,658 "	2,048 10^{16}	2,217 "
14000	3,558 "	1,502 "	4,128 "	2,014 "
15000	6,450 "	1,339 "	7,508 "	1,807 "
16000	1,067 10^{17}	1,163 "	1,249 10^{17}	1,585 "
17000	1,622 "	9.707 10^{17}	1,915 "	1,344 "
18000	2,274 "	7,685 "	2,715 "	1,088 "
19000	2,928 "	5,733 "	3,548 "	8,357 10^{17}
20000	3,537 "	3,936 "	4,365 "	5,949 "

Neon

T/°K/	5 atm		6 atm	
	n_e/cm^{-3}/	n_o/cm^{-3}/	n_e/cm^{-3}/	n_o/cm^{-3}/
1000		3,670 10^{19}		4,404 10^{19}
2000		1,835 "		2,202 "
3000	1,776 10^{2}	1,223 "	1,945 10^{2}	1,468 "
4000	6,135 10^{6}	9,175 10^{18}	6,720 10^{6}	1,101 "
5000	3,609 10^{9}	7,340 "	3,953 10^{9}	8,807 10^{18}
6000	2,457 10^{11}	6,117 "	2,692 10^{11}	7,340 "
7000	5,043 10^{12}	5,243 "	5,524 10^{12}	6,291 "
8000	4,888 10^{13}	4,586 "	5,354 10^{13}	5,504 "
9000	2,872 10^{14}	4,077 "	3,146 10^{14}	4,892 "
10000	1,189 10^{15}	3,667 "	1,303 10^{15}	4,401 "
11000	3,812 "	3,329 "	4,178 "	3,995 "
12000	1,008 10^{16}	3,038 "	1,015 10^{16}	3,648 "
13000	2,295 "	2,777 "	2,518 "	3,337 "
14000	4,629 "	2,529 "	5,084 "	3,044 "
15000	8,442 "	2,278 "	9,281 "	2,750 "
16000	1,409 10^{17}	2,012 "	1,555 10^{17}	2,441 "
17000	2,172 "	1,724 "	2,407 "	2,109 "
18000	3,054 "	1,429 "	3,463 "	1,754 "
19000	4,103 "	1,111 10^{18}	4,610 "	1,396 "
20000	5,113 "	8,123 10^{17}	5,807 "	1,041 "

Neon

T/°K/	7 atm		8 atm	
	n_e/cm^{-3}/	n_o/cm^{-3}/	n_e/cm^{-3}/	n_o/cm^{-3}/
1000		5,138 10^{19}		5,872 10^{19}
2000		2,569 "		2,936 "
3000	2,104 10^{2}	1,713 "	2,246 10^{2}	1,957 "
4000	7,259 10^{6}	1,284 "	7,760 10^{6}	1,468 "
5000	4,270 10^{9}	1,028 "	4,565 10^{9}	1,174 "
6000	2,907 10^{11}	8,563 10^{18}	3,108 10^{11}	9,786 10^{18}
7000	5,969 10^{12}	7,340 "	6,382 10^{12}	8,388 "
8000	5,783 10^{13}	6,421 "	6,186 10^{13}	7,338 "
9000	3,400 10^{14}	5,708 "	3,635 10^{14}	6,523 "
10000	1,408 10^{15}	5,135 "	1,505 10^{15}	5,869 "
11000	4,515 "	4,662 "	4,827 "	5,328 "
12000	1,195 10^{16}	4,258 "	1,278 10^{16}	4,867 "
13000	2,723 "	3,898 "	2,913 "	4,458 "
14000	5,503 "	3,560 "	5,895 "	4,076 "
15000	1,007 10^{17}	3,224 "	1,080 10^{17}	3,699 "
16000	1,689 "	2,873 "	1,814 "	3,307 "
17000	2,623 "	2,498 "	2,826 "	2,889 "
18000	3,792 "	2,096 "	4,101 "	2,442 "
19000	5,080 "	1,688 "	5,521 "	1,986 "
20000	6,451 "	1,279 "	7,060 "	1,524 "

Neon

T/°K/	9 atm		1o atm	
	n_e/cm^{-3}/	n_o/cm^{-3}/	n_e/cm^{-3}/	n_o/cm^{-3}/
1ooo		6,6o6 1o^{19}		7,34o 1o^{19}
2ooo		3,3o3 "		3,67o "
3ooo	2,382 1o^{2}	2,2o2 "	2,511 1o^{2}	2,447 "
4ooo	8,231 1o^{6}	1,651 "	8,676 1o^{6}	1,835 "
5ooo	4,842 1o^{9}	1,321 "	5,1o4 1o^{9}	1,468 "
6ooo	3,297 1o^{11}	1,1o1 "	3,475 1o^{11}	1,223 "
7ooo	6,769 1o^{12}	9,437 1o^{18}	7,135 1o^{12}	1,o49 "
8ooo	6,561 1o^{13}	8,256 "	6,916 1o^{13}	9,173 1o^{18}
9ooo	3,855 1o^{14}	7,339 "	4,o66 1o^{14}	8,154 "
1oooo	1,597 1o^{15}	6,6o2 "	1,683 1o^{15}	7,336 "
11ooo	5,123 "	5,995 "	5,4oo "	6,662 "
12ooo	1,356 1o^{16}	5,478 "	1,43o 1o^{16}	6,o88 "
13ooo	3,o93 "	5,o19 "	3,264 "	5,581 "
14ooo	6,261 "	4,593 "	6,61o "	5,11o "
15ooo	1,148 1o^{17}	4,174 "	1,213 1o^{17}	4,65o "
16ooo	1,932 "	3,742 "	2,o44 "	4,179 "
17ooo	3,o15 "	3,283 "	3,197 "	3,678 "
18ooo	4,391 "	2,792 "	4,667 "	3,144 "
19ooo	5,936 "	2,289 "	6,334 "	2,596 "
2oooo	7,634 "	1,776 "	8,183 "	2,o33 "

Neon

T/°K/	15 atm n_e/cm^{-3}/	15 atm n_o/cm^{-3}/	20 atm n_e/cm^{-3}/	20 atm n_o/cm^{-3}/
1000		1,101 10^{20}		1,468 10^{20}
2000		5,505 10^{19}		7,340 10^{19}
3000	3,178 10^{2}	3,670 "	3,551 10^{2}	4,893 "
4000	1,063 10^{7}	2,752 "	1,227 10^{7}	3,670 "
5000	6,251 10^{9}	2,931 "	7,218 10^{9}	2,936 "
6000	4,256 10^{11}	1,835 "	4,915 10^{11}	2,447 "
7000	8,738 10^{12}	1,573 "	1,009 10^{13}	2,097 "
8000	8,471 10^{13}	1,375 "	9,786 "	1,833 "
9000	4,979 10^{14}	1,223 "	5,752 10^{14}	1,631 "
10000	2,064 10^{15}	1,101 "	2,384 10^{15}	1,467 "
11000	6,625 "	9,996 10^{18}	7,658 "	1,333 "
12000	1,756 10^{16}	9,139 "	2,030 10^{16}	1,219 "
13000	4,010 "	8,389 "	4,643 "	1,120 "
14000	8,135 "	7,701 "	9,430 "	1,030 "
15000	1,331 10^{17}	7,073 "	1,739 10^{17}	9,438 10^{18}
16000	2,535 "	6,374 "	2,951 "	8,584 "
17000	3,991 "	5,678 "	4,665 "	7,702 "
18000	5,882 "	4,940 "	6,984 "	6,758 "
19000	8,084 "	4,178 "	9,580 "	5,810 "
20000	1,063 10^{18}	3,380 "	1,273 10^{18}	4,794 "

Neon

T/°K/	25 atm		3o atm	
	n_e/cm^{-3}/	n_o/cm^{-3}/	n_e/cm^{-3}/	n_o/cm^{-3}/
1ooo		1,835 1o^{2o}		2,2o2 1o^{2o}
2ooo		9,175 1o^{19}		1,1o1 "
3ooo	3,97o 1o^{2}	6,116 "	4,35o 1o^{2}	7,34o 1o^{19}
4ooo	1,372 1o^{7}	4,587 "	1,5o3 1o^{7}	5,5o5 "
5ooo	8,o7o 1o^{9}	3,67o "	8,84o 1o^{9}	4,4o4 "
6ooo	5,495 1o^{11}	3,o58 "	6,o19 1o^{11}	3,67o "
7ooo	1,128 1o^{13}	2,621 "	1,236 1o^{13}	3,146 "
8ooo	1,o94 1o^{14}	2,293 "	1,199 1o^{14}	2,75o "
9ooo	6,435 "	2,o39 "	7,o49 "	2,446 "
1oooo	2,667 1o^{15}	1,834 "	2,923 1o^{15}	2,2o1 "
11ooo	8,571 "	1,666 "	9,39o "	2,ooo "
12ooo	2,273 1o^{16}	1,525 "	2,492 1o^{16}	1,83o "
13ooo	5,2o1 "	1,4o1 "	5,7o5 "	1,682 "
14ooo	1,o57 1o^{17}	1,29o "	1,161 1o^{17}	1,55o "
15ooo	1,952 "	1,184 "	2,146 "	1,425 "
16ooo	3,321 "	1,o8o "	3,654 "	1,3o3 "
17ooo	5,262 "	9,742 1o^{18}	5,8o6 "	1,179 "
18ooo	7,836 "	8,627 "	8,67o "	1,o5o "
19ooo	1,o91 1o^{18}	7,475 "	1,212 1o^{18}	9,164 1o^{18}
2oooo	1,461 "	6,254 "	1,631 "	7,746 "

Neon

$T/^{o}K/$	35 atm		40 atm	
	$n_e/cm^{-3}/$	$n_o/cm^{-3}/$	$n_e/cm^{-3}/$	$n_o/cm^{-3}/$
1000		2,202 10^{20}		2,936 10^{20}
2000		1,284 "		1,468 "
3000	4,698 10^{2}	8,563 10^{19}	5,022 10^{2}	9,786 10^{19}
4000	1,623 10^{7}	6,422 "	1,735 10^{7}	7,340 "
5000	9,548 10^{9}	5,138 "	9,782 10^{9}	5,872 "
6000	6,501 10^{11}	4,282 "	6,942 10^{11}	4,893 "
7000	1,335 10^{13}	3,670 "	1,427 10^{13}	4,194 "
8000	1,295 10^{14}	3,209 "	1,384 10^{14}	3,667 "
9000	7,614 "	2,854 "	8,144 "	3,262 "
10000	3,157 10^{15}	2,568 "	3,377 10^{15}	2,935 "
11000	1,015 10^{16}	2,333 "	1,085 10^{16}	2,667 "
12000	2,695 "	2,135 "	2,883 "	2,441 "
13000	6,170 "	1,964 "	6,603 "	2,245 "
14000	1,253 10^{17}	1,810 "	1,345 10^{17}	2,070 "
15000	2,325 "	1,666 "	2,491 "	1,906 "
16000	3,963 "	1,526 "	4,251 "	1,750 "
17000	6,306 "	1,385 "	6,776 "	1,592 "
18000	9,440 "	1,238 "	1,016 10^{18}	1,428 "
19000	1,324 10^{18}	1,087 "	1,430 "	1,260 "
20000	1,790 "	9,264 10^{18}	1,949 "	1,078 "

Neon

T/°K/	45 atm		50 atm	
	n_e/cm^{-3}/	n_o/cm^{-3}/	n_e/cm^{-3}/	n_o/cm^{-3}/
1000		3,303 10^{20}		3,670 10^{20}
2000		1,651 "		1,835 "
3000	5,327 10^{2}	1,101 "	5,613 10^{2}	1,223 "
4000	1,840 10^{7}	8,257 10^{19}	1,940 10^{7}	9,175 10^{19}
5000	1,083 10^{10}	6,606 "	1,141 10^{10}	7,340 "
6000	7,372 10^{11}	5,505 "	7,770 10^{11}	6,117 "
7000	1,514 10^{13}	4,718 "	1,595 10^{13}	5,243 "
8000	1,468 10^{14}	4,126 "	1,548 10^{14}	4,584 "
9000	8,638 "	3,670 "	9,110 "	4,077 "
10000	3,584 10^{15}	3,302 "	3,777 10^{15}	3,669 "
11000	1,152 10^{16}	3,000 "	1,215 10^{16}	3,334 "
12000	3,061 "	2,746 "	3,228 "	3,052 "
13000	7,012 "	2,527 "	7,400 "	2,808 "
14000	1,429 10^{17}	2,331 "	1,509 10^{17}	2,591 "
15000	2,648 "	2,149 "	2,796 "	2,391 "
16000	4,522 "	1,974 "	4,779 "	2,198 "
17000	7,215 "	1,799 "	7,635 "	2,006 "
18000	1,084 10^{18}	1,618 "	1,149 10^{18}	1,809 "
19000	1,529 "	1,433 "	1,622 "	1,607 "
20000	2,080 "	1,236 "	2,213 "	1,392 "

Argon

1 atm

T/°K/	n_o/cm^{-3}/	n_e/cm^{-3}/	n_1/cm^{-3}/	n_2/cm^{-3}/
1000	7,340 10^{18}			
2000	3,670 "			
3000	2,447 "	5,753 10^{6}	5,753 10^{6}	
4000	1,835 "	1,281 10^{10}	1,281 10^{10}	
5000	1,468 "	1,326 10^{12}	1,326 10^{12}	
6000	1,223 "	2,952 10^{13}	2,952 10^{13}	
7000	1,048 "	2,730 10^{14}	2,730 10^{14}	
8000	9,145 10^{17}	1,456 10^{15}	1,456 10^{15}	
9000	8,047 "	5,359 "	5,359 "	
10000	7,037 "	1,513 10^{16}	1,513 10^{16}	
11000	5,979 "	3,470 "	3,470 "	
12000	4,782 "	6,674 "	6,674 "	
13000	3,465 "	1,090 10^{17}	1,090 10^{17}	
14000	2,200 "	1,521 "	1,521 "	
15000	1,217 "	1,838 "	1,838 "	
16000	6,111 10^{16}	1,988 "	1,988 "	3,665 10^{13}
17000	2,967 "	2,011 "	2,008 "	1,311 10^{14}
18000	1,468 "	1,967 "	1,959 "	4,078 "
19000	7,577 10^{15}	1,899 "	1,881 "	1,128 10^{15}
20000	4,267 "	1,865 "	1,809 "	2,787 "

Argon

2 atm

T/°K/	n_o/cm^{-3}/	n_e/cm^{-3}/	n_1/cm^{-3}/	n_2/cm^{-3}/
1000	1,468 10^{19}			
2000	7,340 10^{18}			
3000	4,893 "	8,135 10^{6}	8,135 10^{6}	
4000	3,670 "	1,812 10^{10}	1,812 10^{10}	
5000	2,936 "	1,875 10^{12}	1,875 10^{12}	
6000	2,447 "	4,177 10^{13}	4,177 10^{13}	
7000	2,096 "	3,863 10^{14}	3,863 10^{14}	
8000	1,831 "	2,063 10^{15}	2,063 10^{15}	
9000	1,616 "	7,617 "	7,617 "	
10000	1,425 "	2,161 10^{16}	2,161 10^{16}	
11000	1,234 "	5,013 "	5,013 "	
12000	1,026 "	9,846 "	9,846 "	
13000	7,957 10^{17}	1,667 10^{17}	1,667 10^{17}	
14000	5,584 "	2,450 "	2,450 "	
15000	3,489 "	3,150 "	3,150 "	
16000	1,960 "	3,608 "	3,607 "	3,762 10^{13}
17000	1,034 "	3,801 "	3,799 "	1,345 10^{14}
18000	5,382 10^{16}	3,810 "	3,802 "	4,187 "
19000	2,859 "	3,726 "	3,703 "	1,158 10^{15}
20000	8,223 10^{15}	3,643 "	3,585 "	2,884 "

Argon

3 atm

T/°K/	n_o/cm^{-3}/	n_e/cm^{-3}/	n_1/cm^{-3}/	n_2/cm^{-3}/
1ooo	2,2o2 1o^{19}			
2ooo	1,1o1 "			
3ooo	7,34o 1o^{18}	9,964 1o^{6}	9,964 1o^{6}	
4ooo	5,5o5 "	2,219 1o^{10}	2,219 1o^{10}	
5ooo	4,4o4 "	2,297 1o^{12}	2,297 1o^{12}	
6ooo	3,67o "	5,116 1o^{13}	5,116 1o^{13}	
7ooo	3,145 "	4,736 1o^{14}	4,736 1o^{14}	
8ooo	2,747 "	2,53o 1o^{15}	2,53o 1o^{15}	
9ooo	2,428 "	9,355 "	9,355 "	
1oooo	2,149 "	2,661 1o^{16}	2,661 1o^{16}	
11ooo	1,878 "	6,2o5 "	6,2o5 "	
12ooo	1,589 "	1,231 1o^{17}	1,231 1o^{17}	
13ooo	1,27o "	2,119 "	2,119 "	
14ooo	9,343 1o^{17}	3,192 "	3,192 "	
15ooo	6,21o "	4,237 "	4,237 "	
16ooo	3,728 "	5,o17 "	5,o16 "	3,83o 1o^{13}
17ooo	2,o78 "	5,438 "	5,435 "	1,371 1o^{14}
18ooo	1,124 "	5,557 "	5,548 "	4,265 "
19ooo	6,123 1o^{16}	5,494 "	5,471 "	1,169 1o^{15}
2oooo	3,49o "	5,384 "	5,326 "	2,945 "

Argon

4 atm

T/°K/	n_o/cm^{-3}/	n_e/cm^{-3}/	n_1/cm^{-3}/	n_2/cm^{-3}/
1000	2,936 10^{19}			
2000	1,468 "			
3000	9,786 10^{18}	1,551 10^{7}	1,551 10^{7}	
4000	7,340 "	2,562 10^{10}	2,562 10^{10}	
5000	5,872 "	2,652 10^{12}	2,652 10^{12}	
6000	4,893 "	5,908 10^{13}	5,908 10^{13}	
7000	4,193 "	5,472 10^{14}	5,472 10^{14}	
8000	3,664 "	2,926 10^{15}	2,926 10^{15}	
9000	3,240 "	1,082 10^{16}	1,082 10^{16}	
10000	2,874 "	3,085 "	3,085 "	
11000	2,525 "	7,216 "	7,216 "	
12000	2,159 "	1,440 10^{17}	1,440 10^{17}	
13000	1,757 "	2,504 "	2,504 "	
14000	1,331 "	3,831 "	3,831 "	
15000	9,200 10^{17}	5,191 "	5,191 "	
16000	5,774 "	6,288 "	6,287 "	3,881 10^{13}
17000	3,353 "	6,959 "	6,957 "	1,391 10^{14}
18000	1,872 "	7,221 "	7,213 "	4,329 "
19000	1,041 "	7,212 "	7,189 "	1,198 10^{15}
20000	5,236 10^{16}	7,095 "	7,036 "	2,991 "

Argon

5 atm

T/°K/	n_o/cm^{-3}/	n_e/cm^{-3}/	n_1/cm^{-3}/	n_2/cm^{-3}/
1ooo	3,67o 1o^{19}			
2ooo	1,835 "			
3ooo	1,223 "	1,286 1o^{7}	1,286 1o^{7}	
4ooo	9,175 1o^{18}	2,865 1o^{1o}	2,865 1o^{1o}	
5ooo	7,34o "	3,245 1o^{12}	3,245 1o^{12}	
6ooo	6,116 "	6,6o8 1o^{13}	6,6o8 1o^{13}	
7ooo	5,241 "	6,118 1o^{14}	6,118 1o^{14}	
8ooo	4,581 "	3,272 1o^{15}	3,272 1o^{15}	
9ooo	4,o54 "	1,198 1o^{16}	1,198 1o^{16}	
1oooo	3,6o1 "	3,458 "	3,458 "	
11ooo	3,174 "	8,112 "	8,112 "	
12ooo	2,733 "	1,625 1o^{17}	1,625 1o^{17}	
13ooo	2,251 "	2,86o "	2,86o "	
14ooo	1,741 "	4,4o2 "	4,4o2 "	
15ooo	1,238 "	6,o52 "	6,o52 "	
16ooo	8,o27 1o^{17}	7,455 "	7,454 "	3,928 1o^{13}
17ooo	4,813 "	8,388 "	8,385 "	1,391 1o^{14}
18ooo	2,757 "	8,817 "	8,8o8 "	4,384 "
19ooo	1,561 "	8,884 "	8,859 "	1,213 1o^{15}
2oooo	9,o72 1o^{16}	8,776 "	8,715 "	3,o32 "

Argon

6 atm

T/°K/	n_o/cm^{-3}/	n_e/cm^{-3}/	n_1/cm^{-3}/	n_2/cm^{-3}/
1000	4,404 10^{19}			
2000	2,202 "			
3000	1,468 "	1,409 10^{7}	1,409 10^{7}	
4000	1,101 "	3,138 10^{10}	3,138 10^{10}	
5000	8,808 10^{18}	3,248 10^{12}	3,248 10^{12}	
6000	7,340 "	7,239 10^{13}	7,239 10^{13}	
7000	6,290 "	6,705 10^{14}	6,705 10^{14}	
8000	5,498 "	3,588 10^{15}	3,588 10^{15}	
9000	4,866 "	1,329 10^{16}	1,329 10^{16}	
10000	4,328 "	3,797 "	3,797 "	
11000	3,832 "	8,552 "	8,552 "	
12000	3,311 "	1,793 10^{17}	1,793 10^{17}	
13000	2,756 "	3,158 "	3,158 "	
14000	2,161 "	4,924 "	4,924 "	
15000	1,569 "	6,845 "	6,845 "	
16000	1,044 "	8,543 "	8,542 "	3,963 10^{13}
17000	6,402 10^{17}	9,753 "	9,750 "	1,423 10^{14}
18000	3,761 "	1,035 10^{18}	1,032 10^{18}	4,432 "
19000	2,163 "	1,051 "	1,049 "	1,226 10^{15}
20000	1,269 "	1,043 "	1,037 "	3,066 "

Argon

7 atm

T/°K/	n_o/cm^{-3}/	n_e/cm^{-3}/	n_1/cm^{-3}/	n_2/cm^{-3}/
1000	5,138 10^{19}			
2000	2,569 "			
3000	1,713 "	1,522 10^{7}	1,522 10^{7}	
4000	1,284 "	3,390 10^{10}	3,390 10^{10}	
5000	1,028 "	3,545 10^{12}	3,545 10^{12}	
6000	8,563 10^{18}	7,819 10^{13}	7,819 10^{13}	
7000	7,338 "	7,253 10^{14}	7,253 10^{14}	
8000	6,414 "	3,878 10^{15}	3,878 10^{15}	
9000	5,680 "	1,437 10^{16}	1,437 10^{16}	
10000	5,056 "	4,110 "	4,110 "	
11000	4,477 "	9,668 "	9,668 "	
12000	3,892 "	1,949 10^{17}	1,949 10^{17}	
13000	3,263 "	3,447 "	3,447 "	
14000	2,588 "	5,408 "	5,408 "	
15000	1,911 "	7,585 "	7,585 "	
16000	1,297 "	9,569 "	9,568 "	3,999 10^{13}
17000	8,159 10^{17}	1,103 10^{18}	1,102 10^{18}	1,436 10^{14}
18000	4,871 "	1,184 "	1,183 "	4,480 "
19000	2,841 "	1,211 "	1,208 "	1,239 10^{15}
20000	1,682 "	1,206 "	1,200 "	3,096 "

Argon

8 atm

T/°K/	n_o/cm^{-3}/	n_e/cm^{-3}/	n_1/cm^{-3}/	n_2/cm^{-3}/
1000	5,872 10^{19}			
2000	2,936 "			
3000	1,957 "	1,627 10^{7}	1,627 10^{7}	
4000	1,468 "	3,624 10^{10}	3,624 10^{10}	
5000	1,174 "	3,751 10^{12}	3,751 10^{12}	
6000	9,786 10^{18}	8,363 10^{13}	8,363 10^{13}	
7000	8,387 "	7,750 10^{14}	7,750 10^{14}	
8000	7,331 "	4,148 10^{15}	4,148 10^{15}	
9000	6,493 "	1,538 10^{16}	1,538 10^{16}	
10000	5,784 "	4,398 "	4,398 "	
11000	5,131 "	1,037 10^{17}	1,037 10^{17}	
12000	4,474 "	2,094 "	2,094 "	
13000	3,773 "	3,716 "	3,716 "	
14000	3,022 "	5,861 "	5,861 "	
15000	2,261 "	8,281 "	8,281 "	
16000	1,562 "	1,054 10^{18}	1,054 10^{18}	4,031 10^{13}
17000	1,001 "	1,227 "	1,226 "	1,448 10^{14}
18000	6,072 10^{17}	1,328 "	1,327 "	4,515 "
19000	3,586 "	1,366 "	1,364 "	1,250 10^{15}
20000	2,140 "	1,367 "	1,360 "	3,122 "

Argon

9 atm

$T/^{o}K/$	$n_o/cm^{-3}/$	$n_e/cm^{-3}/$	$n_1/cm^{-3}/$	$n_2/cm^{-3}/$
1000	6,606 10^{19}			
2000	3,303 "			
3000	2,202 "	1,726 10^{7}	1,726 10^{7}	
4000	1,651 "	3,843 10^{10}	3,843 10^{10}	
5000	1,321 "	3,979 10^{12}	3,979 10^{12}	
6000	1,101 "	8,870 10^{13}	8,870 10^{13}	
7000	9,435 10^{18}	8,220 10^{14}	8,220 10^{14}	
8000	8,248 "	4,402 10^{15}	4,402 10^{15}	
9000	7,307 "	1,633 10^{16}	1,633 10^{16}	
10000	6,512 "	4,671 "	4,671 "	
11000	5,784 "	1,105 10^{17}	1,105 10^{17}	
12000	5,059 "	2,231 "	2,231 "	
13000	4,287 "	3,971 "	3,971 "	
14000	3,460 "	6,290 "	6,290 "	
15000	2,615 "	8,942 "	8,942 "	
16000	1,836 "	1,146 10^{18}	1,146 10^{18}	4,059 10^{13}
17000	1,195 "	1,346 "	1,345 "	1,459 10^{14}
18000	7,325 10^{17}	1,464 "	1,463 "	4,551 "
19000	4,397 "	1,519 "	1,517 "	1,260 10^{15}
20000	2,557 "	1,525 "	1,519 "	3,151 "

Argon

10 atm

T/°K/	n_o/cm^{-3}/	n_e/cm^{-3}/	n_1/cm^{-3}/	n_2/cm^{-3}/
1000	7,340 10^{19}			
2000	3,670 "			
3000	2,447 "	1,819 10^{7}	1,819 10^{7}	
4000	1,835 "	4,051 10^{10}	4,051 10^{10}	
5000	1,468 "	4,196 10^{12}	4,196 10^{12}	
6000	1,223 "	9,350 10^{13}	9,350 10^{13}	
7000	1,048 "	8,665 10^{14}	8,665 10^{14}	
8000	9,165 10^{18}	4,640 10^{15}	4,640 10^{15}	
9000	8,121 "	1,723 10^{16}	1,723 10^{16}	
10000	7,241 "	4,933 "	4,933 "	
11000	6,440 "	1,165 10^{17}	1,165 10^{17}	
12000	5,644 "	2,360 "	2,360 "	
13000	4,803 "	4,212 "	4,212 "	
14000	3,903 "	6,698 "	6,698 "	
15000	2,983 "	9,572 "	9,572 "	
16000	2,117 "	1,235 10^{18}	1,235 10^{18}	4,084 10^{13}
17000	1,398 "	1,460 "	1,460 "	1,470 10^{14}
18000	8,714 10^{17}	1,603 "	1,603 "	4,585 "
19000	5,266 "	1,669 "	1,667 "	1,270 10^{15}
20000	3,188 "	1,681 "	1,675 "	3,175 "

Argon

15 atm

T/°K/	n_o/cm^{-3}/	n_e/cm^{-3}/	n_1/cm^{-3}/	n_2/cm^{-3}/
1000	1,101 10^{20}			
2000	5,505 10^{19}			
3000	3,670 "	2,228 10^{7}	2,228 10^{7}	
4000	2,752 "	4,962 10^{10}	4,962 10^{10}	
5000	2,202 "	5,139 10^{12}	5,139 10^{12}	
6000	1,835 "	1,146 10^{14}	1,146 10^{14}	
7000	1,573 "	1,062 10^{15}	1,062 10^{15}	
8000	1,376 "	5,695 "	5,695 "	
9000	1,219 "	2,116 10^{16}	2,116 10^{16}	
10000	1,089 "	6,077 "	6,077 "	
11000	9,721 10^{18}	1,440 10^{17}	1,440 10^{17}	
12000	8,588 "	2,934 "	2,934 "	
13000	7,413 "	5,280 "	5,280 "	
14000	6,153 "	8,507 "	8,507 "	
15000	4,871 "	1,238 10^{18}	1,238 10^{18}	
16000	3,613 "	1,634 "	1,634 "	4,192 10^{13}
17000	2,508 "	1,984 "	1,984 "	1,513 10^{14}
18000	1,644 "	2,237 "	2,236 "	4,729 "
19000	1,036 "	2,380 "	2,377 "	1,311 10^{15}
20000	6,468 10^{17}	2,435 "	2,428 "	3,279 "

Argon

20 atm

T/°K/	n_o/cm^{-3}/	n_e/cm^{-3}/	n_1/cm^{-3}/	n_2/cm^{-3}/
1000	1,468 10^{20}			
2000	7,340 10^{19}			
3000	4,893 "	2,573 10^{7}	2,573 10^{7}	
4000	3,670 "	5,729 10^{10}	5,729 10^{10}	
5000	2,936 "	5,933 10^{12}	5,933 10^{12}	
6000	2,447 "	1,323 10^{14}	1,323 10^{14}	
7000	2,097 "	1,227 10^{15}	1,227 10^{15}	
8000	1,835 "	6,586 "	6,586 "	
9000	1,626 "	2,450 10^{16}	2,450 10^{16}	
10000	1,454 "	7,043 "	7,043 "	
11000	1,301 "	1,671 10^{17}	1,671 10^{17}	
12000	1,155 "	3,421 "	3,421 "	
13000	1,005 "	6,191 "	6,191 "	
14000	8,473 10^{18}	1,006 10^{18}	1,006 10^{18}	
15000	6,836 "	1,481 "	1,481 "	
16000	5,211 "	1,982 "	1,982 "	4,276 10^{13}
17000	3,737 "	2,449 "	2,449 "	1,547 10^{14}
18000	2,533 "	2,811 "	2,810 "	4,843 10^{15}
19000	1,647 "	3,040 "	3,038 "	1,344 "
20000	1,053 "	3,150 "	3,143 "	3,364 "

Argon

25 atm

T/°K/	n_o/cm^{-3}/	n_e/cm^{-3}/	n_1/cm^{-3}/	n_2/cm^{-3}/
1000	1,835 10^{20}			
2000	9,175 10^{19}			
3000	6,116 "	2,876 10^{7}	2,876 10^{7}	
4000	4,587 "	6,406 10^{10}	6,406 10^{10}	
5000	3,670 "	6,634 10^{12}	6,634 10^{12}	
6000	3,058 "	1,480 10^{14}	1,480 10^{14}	
7000	2,621 "	1,374 10^{15}	1,374 10^{15}	
8000	2,294 "	7,371 "	7,371 "	
9000	2,033 "	2,744 10^{16}	2,744 10^{16}	
10000	1,819 "	7,898 "	7,898 "	
11000	1,631 "	1,878 10^{17}	1,878 10^{17}	
12000	1,452 "	3,852 "	3,852 "	
13000	1,271 "	7,003 "	7,003 "	
14000	1,082 "	1,144 10^{18}	1,144 10^{18}	
15000	8,852 10^{18}	1,699 "	1,699 "	
16000	6,875 "	2,297 "	2,297 "	4,345 10^{13}
17000	5,048 "	2,873 "	2,873 "	1,575 10^{14}
18000	3,573 "	3,311 "	3,310 "	4,940 "
19000	2,336 "	3,662 "	3,659 "	1,372 10^{15}
20000	1,521 "	3,833 "	3,826 "	3,436 "

Argon

30 atm

T/°K/	n_o/cm^{-3}/	n_e/cm^{-3}/	n_1/cm^{-3}/	n_2/cm^{-3}/
1000	2,202 10^{20}			
2000	1,101 "			
3000	7,340 10^{19}	3,151 10^{7}	3,151 10^{7}	
4000	5,505 "	7,017 10^{10}	7,017 10^{10}	
5000	4,404 "	7,267 10^{12}	7,267 10^{12}	
6000	3,670 "	1,621 10^{14}	1,621 10^{14}	
7000	3,145 "	1,505 10^{15}	1,505 10^{15}	
8000	2,752 "	8,083 "	8,083 "	
9000	2,441 "	3,011 10^{16}	3,011 10^{16}	
10000	2,185 "	8,672 "	8,672 "	
11000	1,960 "	2,066 10^{17}	2,066 10^{17}	
12000	1,750 "	4,248 "	4,248 "	
13000	1,539 "	7,743 "	7,743 "	
14000	1,319 "	1,271 10^{18}	1,271 10^{18}	
15000	1,090 "	1,899 "	1,899 "	
16000	8,591 10^{18}	2,585 "	2,585 "	4,407 10^{13}
17000	6,412 "	3,267 "	3,266 "	1,600 10^{14}
18000	4,551 "	3,841 "	3,839 "	5,024 "
19000	3,160 "	4,251 "	4,249 "	1,348 10^{15}
20000	2,043 "	4,490 "	4,483 "	3,500 "

Argon

35 atm

T/^{o}K/	n_o/cm^{-3}/	n_e/cm^{-3}/	n_1/cm^{-3}/	n_2/cm^{-3}/
1000	2,569 10^{20}			
2000	1,284 "			
3000	8,563 10^{19}	3,403 10^{7}	3,403 10^{7}	
4000	6,422 "	7,579 10^{10}	7,579 10^{10}	
5000	5,138 "	7,849 10^{12}	7,849 10^{12}	
6000	4,281 "	1,751 10^{14}	1,751 10^{14}	
7000	3,670 "	1,627 10^{15}	1,627 10^{15}	
8000	3,211 "	8,735 "	8,735 "	
9000	2,848 "	3,257 10^{16}	3,257 10^{16}	
10000	2,550 "	9,394 "	9,394 "	
11000	2,291 "	2,240 10^{17}	2,240 10^{17}	
12000	2,049 "	4,610 "	4,610 "	
13000	1,807 "	8,429 "	8,429 "	
14000	1,557 "	1,388 10^{18}	1,388 10^{18}	
15000	1,298 "	2,085 "	2,085 "	
16000	1,034 "	2,854 "	2,854 "	4,460 10^{13}
17000	7,833 10^{18}	3,634 "	3,634 "	1,621 10^{14}
18000	5,648 "	4,312 "	4,310 "	5,099 "
19000	3,892 "	4,815 "	4,813 "	1,420 10^{15}
20000	2,607 "	5,121 "	5,114 "	3,557 "

Argon

40 atm

T/°K/	n_o/cm^{-3}/	n_e/cm^{-3}/	n_1/cm^{-3}/	n_2/cm^{-3}/
1000	2,936 10^{20}			
2000	1,469 "			
3000	9,786 10^{19}	3,638 10^{7}	3,638 10^{7}	
4000	7,340 "	8,103 10^{10}	8,103 10^{10}	
5000	5,872 "	8,391 10^{12}	8,391 10^{12}	
6000	4,893 "	1,875 10^{14}	1,875 10^{14}	
7000	4,194 "	1,739 10^{15}	1,739 10^{15}	
8000	3,670 "	9,348 "	9,348 "	
9000	3,255 "	3,491 10^{16}	3,491 10^{16}	
10000	2,916 "	1,006 10^{17}	1,006 10^{17}	
11000	2,621 "	2,402 "	2,402 "	
12000	2,348 "	4,950 "	4,950 "	
13000	2,077 "	9,070 "	9,070 "	
14000	1,797 "	1,499 10^{18}	1,499 10^{18}	
15000	1,509 "	2,260 "	2,260 "	
16000	1,212 "	3,107 "	3,107 "	4,509 10^{13}
17000	9,293 10^{18}	3,983 "	3,983 "	1,641 10^{14}
18000	6,785 "	4,763 "	4,762 "	5,167 "
19000	4,740 "	5,357 "	5,354 "	1,440 10^{15}
20000	3,212 "	5,736 "	5,729 "	3,611 "

Argon

45 atm

T/°K/	n_o/cm^{-3}/	n_e/cm^{-3}/	n_1/cm^{-3}/	n_2/cm^{-3}/
1000	3,303 10^{20}			
2000	1,651 "			
3000	1,101 "	3,859 10^{7}	3,859 10^{7}	
4000	8,257 10^{19}	8,594 10^{10}	8,594 10^{10}	
5000	6,606 "	8,900 10^{12}	8,900 10^{12}	
6000	5,505 "	1,989 10^{14}	1,989 10^{14}	
7000	4,718 "	1,846 10^{15}	1,846 10^{15}	
8000	4,128 "	9,920 "	9,920 "	
9000	3,662 "	3,703 10^{16}	3,703 10^{16}	
10000	3,281 "	1,069 10^{17}	1,069 10^{17}	
11000	2,952 "	2,554 "	2,554 "	
12000	2,647 "	5,272 "	5,272 "	
13000	2,347 "	9,677 "	9,677 "	
14000	2,039 "	1,603 10^{18}	1,603 10^{18}	
15000	1,721 "	2,425 "	2,425 "	
16000	1,394 "	3,348 "	3,348 "	4,554 10^{13}
17000	1,079 "	4,316 "	4,316 "	1,659 10^{14}
18000	7,967 10^{18}	5,191 "	5,190 "	5,229 "
19000	5,626 "	5,880 "	5,877 "	1,459 10^{15}
20000	3,850 "	6,334 "	6,327 "	3,662 "

Argon

50 atm

T/°K/	n_o/cm^{-3}/	n_e/cm^{-3}/	n_1/cm^{-3}/	n_2/cm^{-3}/
1000	3,670 10^{20}			
2000	1,835 "			
3000	1,223 "	4,068 10^{7}	4,068 10^{7}	
4000	9,175 10^{19}	9,059 10^{10}	9,059 10^{10}	
5000	7,340 "	9,382 10^{12}	9,382 10^{12}	
6000	6,116 "	2,096 10^{14}	2,096 10^{14}	
7000	5,242 "	1,946 10^{15}	1,946 10^{15}	
8000	4,587 "	1,047 10^{16}	1,047 10^{16}	
9000	4,070 "	3,908 "	3,908 "	
10000	3,647 "	1,129 10^{17}	1,129 10^{17}	
11000	3,282 "	2,699 "	2,699 "	
12000	2,947 "	5,577 "	5,577 "	
13000	2,618 "	1,026 10^{18}	1,026 10^{18}	
14000	2,281 "	1,702 "	1,702 "	
15000	1,934 "	2,538 "	2,538 "	
16000	1,577 "	3,578 "	3,578 "	4,596 10^{13}
17000	1,231 "	4,634 "	4,634 "	1,676 10^{14}
18000	9,177 10^{18}	5,605 "	5,604 "	5,289 "
19000	6,546 "	6,386 "	6,383 "	1,476 10^{15}
20000	4,519 "	6,918 "	6,910 "	3,707 "

Krypton

1 atm

T/°K/	n_o/cm^{-3}/	n_e/cm^{-3}/	n_1/cm^{-3}/	n_2/cm^{-3}/
1000	7,340 10^{18}			
2000	3,670 "	1,889 10^{2}	1,889 10^{2}	
3000	2,447 "	1,591 10^{8}	1,591 10^{8}	
4000	1,835 "	1,506 10^{11}	1,506 10^{11}	
5000	1,468 "	9,379 10^{12}	9,379 10^{12}	
6000	1,223 "	1,488 10^{14}	1,488 10^{14}	
7000	1,046 "	1,088 10^{15}	1,088 10^{15}	
8000	9,077 10^{17}	4,867 "	4,867 "	
9000	7,845 "	1,553 10^{16}	1,553 10^{16}	
10000	6,568 "	3,856 "	3,856 "	
11000	5,118 "	7,771 "	7,771 "	
12000	3,539 "	1,289 10^{17}	1,289 10^{17}	
13000	2,090 "	1,778 "	1,778 "	
14000	1,068 "	2,088 "	2,088 "	
15000	3,692 10^{16}	2,263 "	2,261 "	9,180 10^{13}
16000	2,464 "	2,165 "	2,158 "	3,330 10^{14}
17000	1,223 "	2,114 "	2,093 "	1,038 10^{15}
18000	6,445 10^{15}	2,021 "	1,964 "	2,837 "
19000	3,605 "	1,946 "	1,810 "	6,808 "
20000	1,463 "	1,892 "	1,574 "	1,585 10^{16}

Krypton

2 atm

T /°K/	n_o/cm^{-3}/	n_e/cm^{-3}/	n_1/cm^{-3}/	n_2/cm^{-3}/
1000	1,468 10^{19}			
2000	7,340 10^{18}	2,671 10^{2}	2,671 10^{2}	
3000	4,893 "	2,250 10^{8}	2,250 10^{8}	
4000	3,670 "	2,130 10^{11}	2,130 10^{11}	
5000	2,936 "	1,326 10^{13}	1,326 10^{13}	
6000	2,446 "	2,106 10^{14}	2,106 10^{14}	
7000	2,094 "	1,542 10^{15}	1,542 10^{15}	
8000	1,821 "	6,919 "	6,919 "	
9000	1,587 "	2,221 10^{16}	2,221 10^{16}	
10000	1,356 "	5,586 "	5,586 "	
11000	1,104 "	1,153 10^{17}	1,153 10^{17}	
12000	8,249 10^{17}	1,992 "	1,992 "	
13000	5,463 "	2,914 "	2,914 "	
14000	3,173 "	3,656 "	3,656 "	
15000	1,531 "	4,130 "	4,128 "	9,500 10^{13}
16000	8,928 10^{16}	4,135 "	4,128 "	3,438 10^{14}
17000	4,531 "	4,109 "	4,089 "	1,073 10^{15}
18000	2,378 "	3,960 "	3,901 "	2,947 "
19000	1,308 "	3,831 "	3,687 "	7,212 "
20000	7,623 10^{15}	3,704 "	3,390 "	1,571 10^{16}

Krypton

3 atm

T/°K/	n_o/cm^{-3}/	n_e/cm^{-3}/	n_1/cm^{-3}/	n_2/cm^{-3}/
1ooo	2,2o2 $1o^{19}$			
2ooo	1,1o1 "	3,217 $1o^{2}$	3,217 $1o^{2}$	
3ooo	7,34o $1o^{18}$	2,756 $1o^{8}$	2,756 $1o^{8}$	
4ooo	5,5o5 "	2,6o9 $1o^{11}$	2,6o9 $1o^{11}$	
5ooo	4,4o4 "	1,625 $1o^{13}$	1,625 $1o^{13}$	
6ooo	3,669 "	2,58o $1o^{14}$	2,58o $1o^{14}$	
7ooo	3,142 "	1,893 $1o^{15}$	1,893 $1o^{15}$	
8ooo	2,735 "	8,488 "	8,488 "	
9ooo	2,39o "	2,738 $1o^{16}$	2,738 $1o^{16}$	
1oooo	2,o6o "	7,o92 "	7,o92 "	
11ooo	1,713 "	1,446 $1o^{17}$	1,446 $1o^{17}$	
12ooo	1,326 "	2,547 "	2,547 "	
13ooo	9,257 $1o^{17}$	3,84o "	3,84o "	
14ooo	5,766 "	4,981 "	4,981 "	
15ooo	5,142 "	5,759 "	5,757 "	9,747 $1o^{13}$
16ooo	1,837 "	5,956 "	5,949 "	3,525 $1o^{14}$
17ooo	9,561 $1o^{16}$	6,o15 "	5,996 "	1,o97 $1o^{15}$
18ooo	5,12o "	5,873 "	5,811 "	3,o17 "
19ooo	2,8o3 "	5,689 "	5,541 "	7,424 "
2oooo	1,632 "	5,499 "	5,169 "	1,639 $1o^{16}$

Krypton

4 atm

T/°K/	n_o/cm^{-3}/	n_e/cm^{-3}/	n_1/cm^{-3}/	n_2/cm^{-3}/
1000	2,936 10^{19}			
2000	1,468 "	3,777 10^{2}	3,777 10^{2}	
3000	9,786 10^{18}	3,183 10^{8}	3,183 10^{8}	
4000	7,340 "	3,013 10^{11}	3,013 10^{11}	
5000	5,872 "	1,877 10^{13}	1,877 10^{13}	
6000	4,893 "	2,980 10^{14}	2,980 10^{14}	
7000	4,190 "	2,187 10^{15}	2,187 10^{15}	
8000	3,650 "	9,838 "	9,838 "	
9000	3,199 "	3,176 10^{16}	3,176 10^{16}	
10000	2,775 "	8,061 "	8,061 "	
11000	2,330 "	1,694 10^{17}	1,694 10^{17}	
12000	1,842 "	3,024 "	3,024 "	
13000	1,331 "	4,637 "	4,637 "	
14000	8,654 10^{17}	6,158 "	6,158 "	
15000	5,142 "	7,220 "	7,218 "	9,930 10^{13}
16000	3,017 "	7,659 "	7,652 "	3,594 10^{14}
17000	1,608 "	7,848 "	7,828 "	1,116 10^{15}
18000	8,653 10^{16}	7,739 "	7,677 "	3,073 "
19000	4,772 "	7,522 "	7,370 "	7,584 "
20000	2,768 "	7,278 "	6,939 "	1,686 10^{16}

Krypton

5 atm

T/°K/	$n_o/cm^{-3}/$	$n_e/cm^{-3}/$	$n_1/cm^{-3}/$	$n_2/cm^{-3}/$
1000	3,670 10^{19}			
2000	1,835 "	4,223 10^{2}	4,223 10^{2}	
3000	1,223 "	3,558 10^{8}	3,558 10^{8}	
4000	9,175 10^{18}	3,368 10^{11}	3,368 10^{11}	
5000	7,340 "	2,098 10^{13}	2,098 10^{13}	
6000	6,116 "	3,334 10^{14}	3,334 10^{14}	
7000	5,238 "	2,448 10^{15}	2,448 10^{15}	
8000	4,565 "	1,102 10^{16}	1,102 10^{16}	
9000	4,006 "	3,561 "	3,561 "	
10000	3,468 "	9,182 "	9,182 "	
11000	2,953 "	1,915 10^{17}	1,915 10^{17}	
12000	2,368 "	3,450 "	3,450 "	
13000	1,752 "	5,357 "	5,357 "	
14000	1,174 "	7,237 "	7,237 "	
15000	7,350 10^{17}	8,565 "	8,564 "	1,011 10^{14}
16000	4,403 "	9,261 "	9,253 "	3,657 "
17000	2,404 "	9,610 "	9,588 "	1,137 10^{15}
18000	1,313 "	9,562 "	9,500 "	3,122 "
19000	7,261 10^{16}	9,330 "	9,176 "	7,706 "
20000	4,404 "	9,262 "	8,920 "	1,723 10^{16}

Krypton

6 atm

T/°K/	$n_o/cm^{-3}/$	$n_e/cm^{-3}/$	$n_1/cm^{-3}/$	$n_2/cm^{-3}/$
1000	4,404 10^{19}			
2000	2,202 "	4,626 10^{2}	4,626 10^{2}	
3000	1,468 "	3,898 10^{8}	3,898 10^{8}	
4000	1,101 "	3,690 10^{11}	3,690 10^{11}	
5000	8,808 10^{18}	2,298 10^{13}	2,298 10^{13}	
6000	7,339 "	3,656 10^{14}	3,656 10^{14}	
7000	6,286 "	2,684 10^{15}	2,684 10^{15}	
8000	5,481 "	1,209 10^{16}	1,209 10^{16}	
9000	4,815 "	3,909 "	3,909 "	
10000	4,204 "	9,985 "	9,985 "	
11000	3,580 "	2,115 10^{17}	2,115 10^{17}	
12000	2,903 "	3,836 "	3,836 "	
13000	2,184 "	6,017 "	6,017 "	
14000	1,498 "	8,238 "	8,238 "	
15000	9,751 10^{17}	9,805 "	9,801 "	1,029 10^{14}
16000	5,960 "	1,078 10^{18}	1,077 10^{18}	3,700 "
17000	3,322 "	1,130 "	1,127 "	1,155 10^{15}
18000	1,840 "	1,133 "	1,127 "	3,165 "
19000	1,185 "	1,111 "	1,095 "	7,820 "
20000	5,987 10^{16}	1,079 "	1,044 "	1,752 10^{16}

Krypton

7 atm

T/°K/	n_o/cm^{-3}/	n_e/cm^{-3}/	n_1/cm^{-3}/	n_2/cm^{-3}/
1000	5,138 10^{19}			
2000	2,569 "	4,997 10^{2}	4,997 10^{2}	
3000	1,731 "	4,210 10^{8}	4,210 10^{8}	
4000	1,284 "	3,985 10^{11}	3,985 10^{11}	
5000	1,028 "	2,483 10^{13}	2,483 10^{13}	
6000	8,563 10^{18}	3,953 10^{14}	3,953 10^{14}	
7000	7,334 "	2,901 10^{15}	2,901 10^{15}	
8000	6,394 "	1,397 10^{16}	1,397 10^{16}	
9000	5,624 "	4,236 "	4,236 "	
10000	4,916 "	1,084 10^{17}	1,084 10^{17}	
11000	4,210 "	2,305 "	2,305 "	
12000	3,442 "	4,195 "	4,195 "	
13000	2,626 "	6,630 "	6,630 "	
14000	1,834 "	9,181 "	9,181 "	
15000	1,331 "	1,097 10^{18}	1,097 10^{18}	1,042 10^{14}
16000	7,692 10^{17}	1,222 "	1,221 "	3,749 "
17000	4,367 "	1,296 "	1,294 "	1,169 10^{15}
18000	2,445 "	1,307 "	1,300 "	3,208 "
19000	1,564 "	1,277 "	1,261 "	7,924 "
20000	8,070 10^{16}	1,252 "	1,221 "	1,773 10^{16}

Krypton

8 atm

T/°K/	n_o/cm^{-3}/	n_e/cm^{-3}/	n_1/cm^{-3}/	n_2/cm^{-3}/
1ooo	5,872 $1o^{19}$			
2ooo	2,936 "	5,342 $1o^{2}$	5,342 $1o^{2}$	
3ooo	1,975 "	4,5o1 $1o^{8}$	4,5o1 $1o^{8}$	
4ooo	1,468 "	4,261 $1o^{11}$	4,261 $1o^{11}$	
5ooo	1,174 "	2,654 $1o^{13}$	2,654 $1o^{13}$	
6ooo	9,785 $1o^{18}$	3,986 $1o^{14}$	3,986 $1o^{14}$	
7ooo	8,382 "	3,1o4 $1o^{15}$	3,1o4 $1o^{15}$	
8ooo	7,312 "	1,399 $1o^{16}$	1,399 $1o^{16}$	
9ooo	6,433 "	4,537 "	4,537 "	
1oooo	5,639 "	1,163 $1o^{17}$	1,163 $1o^{17}$	
11ooo	4,843 "	2,475 "	2,475 "	
12ooo	3,987 "	4,528 "	4,528 "	
13ooo	3,o74 "	7,215 "	7,215 "	
14ooo	2,182 "	1,oo6 $1o^{18}$	1,oo6 $1o^{18}$	
15ooo	1,5o3 "	1,2o7 "	1,2o6 "	1,o53 $1o^{14}$
16ooo	9,493 $1o^{17}$	1,361 "	1,36o "	3,799 "
17ooo	5,494 "	1,454 "	1,452 "	1,184 $1o^{15}$
18ooo	3,119 "	1,477 "	1,47o "	3,245 "
19ooo	1,778 "	1,46o "	1,444 "	8,o19 "
2oooo	1,o63 "	1,424 "	1,388 "	1,798 $1o^{16}$

Krypton

9 atm

T/°K/	n_o/cm^{-3}/	n_e/cm^{-3}/	n_1/cm^{-3}/	n_2/cm^{-3}/
1000	6,606 10^{19}			
2000	3,303 "	5,666 10^{2}	5,666 10^{2}	
3000	2,202 "	4,774 10^{8}	4,774 10^{8}	
4000	1,651 "	4,519 10^{11}	4,519 10^{11}	
5000	1,321 "	2,817 10^{13}	2,817 10^{13}	
6000	1,101 "	4,483 10^{14}	4,483 10^{14}	
7000	9,430 10^{18}	3,293 10^{15}	3,293 10^{15}	
8000	8,227 "	1,487 10^{16}	1,487 10^{16}	
9000	7,243 "	4,819 "	4,819 "	
10000	6,358 "	1,237 10^{17}	1,237 10^{17}	
11000	5,477 "	2,639 "	2,639 "	
12000	4,536 "	4,842 "	4,842 "	
13000	3,529 "	7,759 "	7,759 "	
14000	2,538 "	1,090 10^{18}	1,090 10^{18}	
15000	1,782 "	1,311 "	1,311 "	1,063 10^{14}
16000	1,142 "	1,493 "	1,492 "	3,843 "
17000	6,724 10^{17}	1,609 "	1,607 "	1,199 10^{15}
18000	3,753 "	1,654 "	1,638 "	3,278 "
19000	2,217 "	1,631 "	1,615 "	8,096 "
20000	1,345 "	1,594 "	1,557 "	1,818 10^{16}

Krypton

1o atm

T/°K/	n_o/cm^{-3}/	n_e/cm^{-3}/	n_1/cm^{-3}/	n_2/cm^{-3}/
1ooo	7,34o $1o^{19}$			
2ooo	3,67o "	5,972 $1o^{2}$	5,972 $1o^{2}$	
3ooo	2,447 "	5,o32 $1o^{8}$	5,o32 $1o^{8}$	
4ooo	1,835 "	4,764 $1o^{11}$	4,764 $1o^{11}$	
5ooo	1,468 "	2,969 $1o^{13}$	2,969 $1o^{13}$	
6ooo	1,223 "	4,729 $1o^{14}$	4,729 $1o^{14}$	
7ooo	1,o48 "	3,474 $1o^{15}$	3,474 $1o^{15}$	
8ooo	9,143 $1o^{18}$	1,568 $1o^{16}$	1,568 $1o^{16}$	
9ooo	8,o53 "	5,o89 "	5,o89 "	
1oooo	7,o78 "	1,3o9 $1o^{17}$	1,3o9 $1o^{17}$	
11ooo	6,113 "	2,796 "	2,796 "	
12ooo	5,o87 "	5,147 "	5,147 "	
13ooo	3,989 "	8,285 "	8,285 "	
14ooo	2,9oo "	1,171 $1o^{18}$	1,171 $1o^{18}$	
15ooo	2,o71 "	1,411 "	1,411 "	1,o77 $1o^{14}$
16ooo	1,344 "	1,62o "	1,619 "	3,877 "
17ooo	8,o31 $1o^{17}$	1,759 "	1,757 "	1,2o9 $1o^{15}$
18ooo	4,663 "	1,8o8 "	1,8o1 "	3,313 "
19ooo	2,697 "	1,8oo "	1,784 "	8,151 "
2oooo	1,599 "	1,762 "	1,724 "	1,834 $1o^{16}$

Krypton

15 atm

T/°K/	n_o/cm^{-3}/	n_e/cm^{-3}/	n_1/cm^{-3}/	n_2/cm^{-3}/
1ooo	1,1o1 $1o^{2o}$			
2ooo	5,5o5 $1o^{19}$	7,315 $1o^{2}$	7,315 $1o^{2}$	
3ooo	3,67o "	6,163 $1o^{8}$	6,163 $1o^{8}$	
4ooo	2,752 "	5,834 $1o^{11}$	5,834 $1o^{11}$	
5ooo	2,2o2 "	3,637 $1o^{13}$	3,637 $1o^{13}$	
6ooo	1,834 "	5,797 $1o^{14}$	5,797 $1o^{14}$	
7ooo	1,572 "	4,265 $1o^{15}$	4,265 $1o^{15}$	
8ooo	1,372 "	1,926 $1o^{16}$	1,926 $1o^{16}$	
9ooo	1,211 "	6,275 "	6,275 "	
1oooo	1,o69 "	1,621 $1o^{17}$	1,621 $1o^{17}$	
11ooo	9,312 $1o^{18}$	3,487 "	3,487 "	
12ooo	7,877 "	6,489 "	6,489 "	
13ooo	6,345 "	1,o62 $1o^{18}$	1,o62 $1o^{18}$	
14ooo	4,797 "	1,534 "	1,534 "	
15ooo	3,631 "	1,854 "	1,854 "	1,122 $1o^{14}$
16ooo	2,479 "	2,2o1 "	2,2oo "	4,o47 "
17ooo	1,565 "	2,458 "	2,456 "	1,281 $1o^{15}$
18ooo	9,494 $1o^{17}$	2,585 "	2,578 "	3,454 "
19ooo	5,684 "	2,618 "	2,6o1 "	8,5o5 "
2oooo	3,436 "	2,589 "	2,55o "	1,915 $1o^{16}$

Krypton

20 atm

$T/^{o}K/$	$n_o/cm^{-3}/$	$n_e/cm^{-3}/$	$n_1/cm^{-3}/$	$n_2/cm^{-3}/$
1000	1,468 10^{20}			
2000	7,340 10^{19}	8,446 10^{2}	8,446 10^{2}	
3000	4,893 "	7,117 10^{8}	7,117 10^{8}	
4000	3,670 "	7,343 10^{11}	7,343 10^{11}	
5000	2,936 "	4,199 10^{13}	4,119 10^{13}	
6000	2,445 "	6,701 10^{14}	6,701 10^{14}	
7000	2,096 "	4,938 10^{15}	4,938 10^{15}	
8000	1,830 "	2,230 10^{16}	2,230 10^{16}	
9000	1,616 "	7,284 "	7,284 "	
10000	1,430 "	1,892 10^{17}	1,892 10^{17}	
11000	1,253 "	4,079 "	4,079 "	
12000	1,071 "	7,631 "	7,631 "	
13000	8,766 10^{18}	1,263 10^{18}	1,263 10^{18}	
14000	6,782 "	1,851 "	1,851 "	
15000	5,523 "	2,236 "	2,236 "	1,159 10^{14}
16000	3,757 "	2,711 "	2,710 "	4,188 "
17000	2,466 "	3,088 "	3,086 "	1,303 10^{15}
18000	1,549 "	3,307 "	3,300 "	3,562 "
19000	9,505 10^{17}	3,392 "	3,375 "	8,766 "
20000	5,849 "	3,384 "	3,345 "	1,977 10^{16}

Krypton

25 atm

T/°K/	n_o/cm^{-3}/	n_e/cm^{-3}/	n_1/cm^{-3}/	n_2/cm^{-3}/
1000	1,835 10^{20}			
2000	9,175 10^{19}	9,443 10^{2}	9,443 10^{2}	
3000	6,116 "	7,956 10^{8}	7,956 10^{8}	
4000	4,587 "	7,425 10^{11}	7,425 10^{11}	
5000	3,670 "	4,696 10^{13}	4,696 10^{13}	
6000	3,057 "	7,490 10^{14}	7,490 10^{14}	
7000	2,610 "	5,525 10^{15}	5,525 10^{15}	
8000	2,288 "	2,732 10^{16}	2,732 10^{16}	
9000	2,022 "	8,179 "	8,179 "	
10000	1,792 "	2,124 10^{17}	2,124 10^{17}	
11000	1,576 "	4,602 "	4,602 "	
12000	1,349 "	8,666 "	8,666 "	
13000	1,130 "	1,444 10^{18}	1,444 10^{18}	
14000	8,826 10^{18}	2,140 "	2,140 "	
15000	7,093 "	2,575 "	2,576 "	1,190 10^{14}
16000	5,132 "	3,169 "	3,168 "	4,305 "
17000	3,469 "	3,665 "	3,663 "	1,346 10^{15}
18000	2,238 "	3,980 "	3,973 "	3,659 "
19000	1,404 "	4,129 "	4,111 "	9,028 "
20000	8,783 10^{17}	4,156 "	4,017 "	1,982 10^{16}

Krypton

30 atm

T/°K/	n_o/cm^{-3}/	n_e/cm^{-3}/	n_1/cm^{-3}/	n_2/cm^{-3}/
1000	2,202 10^{20}			
2000	1,101 "	1,034 10^{3}	1,034 10^{3}	
3000	7,340 10^{19}	8,716 10^{8}	8,716 10^{8}	
4000	5,505 "	8,251 10^{11}	8,251 10^{11}	
5000	4,404 "	5,145 10^{13}	5,145 10^{13}	
6000	3,668 "	8,218 10^{14}	8,218 10^{14}	
7000	3,145 "	6,062 10^{15}	6,062 10^{15}	
8000	2,750 "	2,740 10^{16}	2,740 10^{16}	
9000	2,427 "	8,986 "	8,986 "	
10000	2,155 "	2,340 10^{17}	2,340 10^{17}	
11000	1,900 "	5,079 "	5,079 "	
12000	1,643 "	9,614 "	9,614 "	
13000	1,372 "	1,610 10^{18}	1,610 10^{18}	
14000	1,092 "	2,406 "	2,406 "	
15000	8,886 10^{18}	2,884 "	2,883 "	1,218 10^{14}
16000	6,593 "	3,587 "	3,586 "	4,422 "
17000	4,555 "	4,202 "	4,200 "	1,379 10^{15}
18000	3,005 "	4,617 "	4,610 "	3,739 "
19000	1,920 "	4,836 "	4,818 "	9,245 "
20000	1,217 "	4,902 "	4,861 "	2,075 10^{16}

Krypton

35 atm

T/°K/	n_o/cm^{-3}/	n_e/cm^{-3}/	n_1/cm^{-3}/	n_2/cm^{-3}/
1000	2,569 10^{20}			
2000	1,284 "	1,117 10^{3}	1,117 10^{3}	
3000	8,563 10^{19}	9,414 10^{8}	9,414 10^{8}	
4000	6,422 "	8,912 10^{11}	8,912 10^{11}	
5000	5,138 "	5,557 10^{13}	5,557 10^{13}	
6000	4,280 "	8,882 10^{14}	8,882 10^{14}	
7000	3,670 "	6,554 10^{15}	6,554 10^{15}	
8000	3,205 "	2,966 10^{16}	2,966 10^{16}	
9000	2,560 "	9,734 "	9,734 "	
10000	2,518 "	2,539 10^{17}	2,539 "	
11000	2,225 "	5,531 "	5,531 "	
12000	1,931 "	1,048 10^{18}	1,048 10^{18}	
13000	1,624 "	1,762 "	1,762 "	
14000	1,303 "	2,659 "	2,659 "	
15000	1,080 "	3,169 "	3,169 "	1,250 10^{14}
16000	8,094 10^{18}	3,983 "	3,982 "	4,509 "
17000	5,698 "	4,705 "	4,703 "	1,408 10^{15}
18000	3,839 "	5,222 "	5,214 "	3,842 "
19000	2,493 "	5,518 "	5,499 "	9,448 "
20000	1,599 "	5,630 "	5,588 "	2,123 10^{16}

Krypton

40 atm

T/°K/	n_0/cm^{-3}/	n_e/cm^{-3}/	n_1/cm^{-3}/	n_2/cm^{-3}/
1000	2,936 10^{20}			
2000	1,468 "	1,195 10^{3}	1,195 10^{3}	
3000	9,786 10^{19}	1,006 10^{9}	1,006 10^{9}	
4000	7,340 "	9,527 10^{11}	9,527 10^{11}	
5000	5,872 "	5,941 10^{13}	5,941 10^{13}	
6000	4,891 "	9,495 10^{14}	9,495 10^{14}	
7000	4,194 "	7,018 10^{15}	7,018 10^{15}	
8000	3,664 "	3,176 10^{16}	3,176 10^{16}	
9000	3,241 "	1,044 10^{17}	1,044 10^{17}	
10000	2,881 "	2,726 "	2,726 "	
11000	2,550 "	5,940 "	5,940 "	
12000	2,221 "	1,129 10^{18}	1,129 10^{18}	
13000	1,877 "	1,906 "	1,906 "	
14000	1,518 "	2,893 "	2,893 "	
15000	1,272 "	3,435 "	3,435 "	1,237 10^{14}
16000	9,648 10^{18}	4,351 "	4,350 "	4,599 "
17000	6,909 "	5,181 "	5,180 "	1,440 10^{15}
18000	4,724 "	5,799 "	5,791 "	3,928 "
19000	3,119 "	6,180 "	6,160 "	9,620 "
20000	2,019 "	6,337 "	6,295 "	2,162 10^{16}

Krypton

45 atm

T/°K/	n_o/cm^{-3}/	n_e/cm^{-3}/	n_1/cm^{-3}/	n_2/cm^{-3}/
1000	3,303 10^{20}			
2000	1,651 "	1,267 10^{3}	1,267 10^{3}	
3000	1,101 "	1,068 10^{9}	1,068 10^{9}	
4000	8,257 10^{19}	1,051 10^{12}	1,051 10^{12}	
5000	6,606 "	6,298 10^{13}	6,298 10^{13}	
6000	5,505 "	1,008 10^{15}	1,008 10^{15}	
7000	4,703 "	7,450 "	7,450 "	
8000	4,122 "	3,478 10^{16}	3,478 10^{16}	
9000	3,648 "	1,110 10^{17}	1,110 10^{17}	
10000	3,245 "	2,903 "	2,903 "	
11000	2,876 "	6,335 "	6,335 "	
12000	2,511 "	1,207 10^{18}	1,207 10^{18}	
13000	2,133 "	2,040 "	2,040 "	
14000	1,735 "	3,120 "	3,120 "	
15000	1,467 "	3,686 "	3,685 "	1,295 10^{14}
16000	1,125 "	4,698 "	4,697 "	4,672 "
17000	8,163 10^{18}	5,635 "	5,631 "	1,464 10^{15}
18000	5,651 "	6,355 "	6,347 "	3,988 "
19000	3,764 "	6,813 "	6,794 "	9,777 "
20000	2,461 "	7,033 "	6,990 "	2,199 10^{16}

Krypton

50 atm

T/°K/	$n_0/cm^{-3}/$	$n_e/cm^{-3}/$	$n_1/cm^{-3}/$	$n_2/cm^{-3}/$
1000	3,670 10^{20}			
2000	1,835 "	1,336 10^3	1,336 10^3	
3000	1,223 "	1,125 10^9	1,125 10^9	
4000	9,175 10^{19}	1,065 10^{12}	1,065 10^{12}	
5000	7,340 "	6,645 10^{13}	6,645 10^{13}	
6000	6,116 "	1,063 10^{15}	1,063 10^{15}	
7000	5,243 "	7,859 "	7,859 "	
8000	4,580 "	3,562 10^{16}	3,562 10^{16}	
9000	4,054 "	1,173 10^{17}	1,173 10^{17}	
10000	3,608 "	3,072 "	3,072 "	
11000	3,202 "	6,713 "	6,713 "	
12000	2,802 "	1,281 10^{18}	1,281 10^{18}	
13000	2,388 "	2,174 "	2,174 "	
14000	1,954 "	3,339 "	3,339 "	
15000	1,657 "	3,923 "	3,923 "	1,319 10^{14}
16000	1,288 "	5,029 "	5,028 "	4,772 "
17000	9,464 10^{18}	6,067 "	6,065 "	1,493 10^{15}
18000	6,621 "	6,886 "	6,878 "	4,072 "
19000	4,461 "	7,423 "	7,403 "	9,928 "
20000	2,951 "	7,710 "	7,666 "	2,232 10^{16}

Xenon

1 atm

T/°K/	n_o/cm^{-3}/	n_e/cm^{-3}/	n_1/cm^{-3}/	n_2/cm^{-3}/
1000	7,340 10^{18}			
2000	3,670 "	4,182 10^{4}	4,182 10^{4}	
3000	2,447 "	5,745 10^{9}	5,745 10^{9}	
4000	1,835 "	2,185 10^{12}	2,185 10^{12}	
5000	1,468 "	7,865 10^{13}	7,865 10^{13}	
6000	1,222 "	8,707 10^{14}	8,707 10^{14}	
7000	1,039 "	4,903 10^{15}	4,903 10^{15}	
8000	8,817 10^{17}	1,789 10^{16}	1,789 10^{16}	
9000	7,198 "	4,784 "	4,784 "	
10000	5,354 "	9,930 "	9,930 "	
11000	3,407 "	1,633 10^{17}	1,633 10^{17}	
12000	1,791 "	2,163 "	2,163 "	
13000	8,098 10^{16}	2,418 "	2,417 "	7,524 10^{13}
14000	3,486 "	2,449 "	2,442 "	3,266 10^{14}
15000	1,262 "	2,389 "	2,367 "	1,076 10^{15}
16000	7,981 10^{15}	2,270 "	2,205 "	3,257 "
17000	4,016 "	2,181 "	2,013 "	8,377 "
18000	2,120 "	2,121 "	1,750 "	1,855 10^{16}
19000	8,499 10^{14}	2,096 "	1,422 "	3,372 "
20000	5,872 "	2,091 "	1,054 "	5,182 "

Xenon

2 atm

T/°K/	n_o/cm^{-3}/	n_e/cm^{-3}/	n_1/cm^{-3}/	n_2/cm^{-3}/
1ooo	1,468 10^{19}			
2ooo	7,34o 10^{18}	5,914 10^{4}	5,914 10^{4}	
3ooo	4,893 "	8,124 10^{9}	8,124 10^{9}	
4ooo	3,67o "	3,o9o 10^{12}	3,o9o 10^{12}	
5ooo	2,936 "	1,112 10^{14}	1,112 10^{14}	
6ooo	2,444 "	1,234 10^{15}	1,234 10^{15}	
7ooo	2,o83 "	6,967 "	6,967 "	
8ooo	1,784 "	2,561 10^{16}	2,561 10^{16}	
9ooo	1,489 "	7,1o2 "	7,1o2 "	
1oooo	1,171 "	1,486 10^{17}	1,486 10^{17}	
11ooo	8,199 10^{17}	2,573 "	2,573 "	
12ooo	4,928 "	3,653 "	3,653 "	
13ooo	2,543 "	4,374 "	4,372 "	7,827 10^{13}
14ooo	1,2o2 "	4,643 "	4,637 "	3,398 10^{14}
15ooo	5,629 10^{16}	4,618 "	4,593 "	1,215 10^{15}
16ooo	2,76o "	4,468 "	4,394 "	3,696 "
17ooo	1,425 "	4,295 "	4,1oo "	9,721 "
18ooo	7,719 10^{15}	4,151 "	3,7o3 "	2,239 10^{16}
19ooo	4,3o3 "	4,o59 "	3,185 "	4,349 "
2oooo	2,375 "	4,oo4 "	2,549 "	7,273 "

Xenon

3 atm

T/°K/	n_o/cm^{-3}/	n_e/cm^{-3}/	n_1/cm^{-3}/	n_2/cm^{-3}/
1000	2,202 10^{19}			
2000	1,101 "	7,243 10^{4}	7,243 10^{4}	
3000	7,340 10^{18}	9,950 10^{9}	9,950 10^{9}	
4000	5,505 "	3,784 10^{12}	3,784 10^{12}	
5000	4,403 "	1,364 10^{14}	1,364 10^{14}	
6000	3,667 "	1,514 10^{15}	1,514 10^{15}	
7000	3,128 "	8,566 "	8,566 "	
8000	2,689 "	3,159 10^{16}	3,159 10^{16}	
9000	2,273 "	8,630 "	8,630 "	
10000	1,828 "	1,871 10^{17}	1,871 10^{17}	
11000	1,338 "	3,319 "	3,319 "	
12000	8,585 10^{17}	4,882 "	4,882 "	
13000	4,778 "	6,080 "	6,078 "	8,045 10^{13}
14000	2,405 "	6,663 "	6,656 "	3,496 10^{14}
15000	1,171 "	6,760 "	6,735 "	1,250 10^{15}
16000	5,832 10^{16}	6,608 "	6,532 "	3,807 "
17000	3,043 "	6,375 "	6,173 "	1,008 10^{16}
18000	1,663 "	6,152 "	5,679 "	2,363 "
19000	8,867 10^{15}	5,985 "	5,036 "	4,742 "
20000	5,374 "	5,894 "	4,229 "	8,328 "

Xenon

4 atm

T/°K/	n_o/cm^{-3}/	n_e/cm^{-3}/	n_1/cm^{-3}/	n_2/cm^{-3}/
1ooo	2,936 $1o^{19}$			
2ooo	1,468 "	8,364 $1o^{4}$	8,364 $1o^{4}$	
3ooo	9,786 $1o^{18}$	1,149 $1o^{1o}$	1,149 $1o^{1o}$	
4ooo	7,34o "	4,37o $1o^{12}$	4,37o $1o^{12}$	
5ooo	5,871 "	1,575 $1o^{14}$	1,575 $1o^{14}$	
6ooo	4,89o "	1,75o $1o^{15}$	1,75o $1o^{15}$	
7ooo	4,174 "	9,911 "	9,911 "	
8ooo	3,597 "	3,664 $1o^{16}$	3,664 $1o^{16}$	
9ooo	3,o61 "	1,oo6 $1o^{17}$	1,oo6 $1o^{17}$	
1oooo	2,496 "	2,2o1 "	2,2o1 "	
11ooo	1,876 "	3,963 "	3,963 "	
12ooo	1,254 "	5,961 "	5,961 "	
13ooo	7,345 $1o^{17}$	7,62o "	7,61o "	8,22o $1o^{13}$
14ooo	3,871 "	8,552 "	8,544 "	3,576 $1o^{14}$
15ooo	1,951 "	8,817 "	8,791 "	1,278 $1o^{15}$
16ooo	9,9oo $1o^{16}$	8,698 "	8,62o "	3,895 "
17ooo	5,328 "	8,425 "	8,218 "	1,o34 $1o^{16}$
18ooo	2,896 "	8,133 "	7,643 "	2,466 "
19ooo	1,659 "	7,893 "	6,893 "	4,996 "
2oooo	9,345 $1o^{15}$	7,742 "	5,7o7 "	8,674 "

Xenon

5 atm

$T/^{o}K/$	$n_o/cm^{-3}/$	$n_e/cm^{-3}/$	$n_1/cm^{-3}/$	$n_2/cm^{-3}/$
1000	$3,670\ 10^{19}$			
2000	1,835 "	$9,351\ 10^{4}$	$9,351\ 10^{4}$	
3000	1,223 "	$1,285\ 10^{10}$	$1,285\ 10^{10}$	
4000	$9,175\ 10^{18}$	$4,885\ 10^{12}$	$4,885\ 10^{12}$	
5000	7,339 "	$1,763\ 10^{14}$	$1,763\ 10^{14}$	
6000	6,112 "	$1,959\ 10^{15}$	$1,959\ 10^{15}$	
7000	5,220 "	$1,110\ 10^{16}$	$1,110\ 10^{16}$	
8000	4,505 "	4,112 "	4,112 "	
9000	3,851 "	$1,133\ 10^{17}$	$1,133\ 10^{17}$	
10000	3,171 "	2,494 "	2,494 "	
11000	2,429 "	4,537 "	4,537 "	
12000	1,671 "	6,935 "	6,935 "	
13000	1,015 "	9,042 "	9,040 "	$8,370\ 10^{13}$
14000	$5,541\ 10^{17}$	$1,034\ 10^{18}$	$1,033\ 10^{18}$	$3,645\ 10^{14}$
15000	2,854 "	1,081 "	1,079 "	$1,303\ 10^{15}$
16000	1,470 "	1,075 "	1,067 "	3,970 "
17000	$7,820\ 10^{16}$	1,046 "	1,024 "	$1,056\ 10^{16}$
18000	4,427 "	1,010 "	$9,596\ 10^{17}$	2,510 "
19000	2,562 "	$9,788\ 10^{17}$	8,752 "	5,182 "
20000	1,519 "	9,576 "	7,668 "	9,536 "

Xenon

6 atm

T/°K/	n_o/cm^{-3}/	n_e/cm^{-3}/	n_1/cm^{-3}/	n_2/cm^{-3}/
1ooo	4,4o4 10^{19}			
2ooo	2,2o2 "	1,o24 10^{5}	1,o24 10^{5}	
3ooo	1,468 "	1,4o7 10^{10}	1,4o7 10^{10}	
4ooo	1,1o1 "	5,351 10^{12}	5,351 10^{12}	
5ooo	8,8o7 10^{18}	1,931 10^{14}	1,931 10^{14}	
6ooo	7,335 "	2,146 10^{15}	2,146 10^{15}	
7ooo	6,267 "	1,219 10^{16}	1,219 10^{16}	
8ooo	5,414 "	4,518 "	4,518 "	
9ooo	4,643 "	1,248 10^{17}	1,248 10^{17}	
1oooo	3,851 "	2,762 "	2,762 "	
11ooo	2,991 "	5,o64 "	5,o64 "	
12ooo	2,1o3 "	7,833 "	7,833 "	
13ooo	1,314 "	1,o37 10^{18}	1,o37 10^{18}	8,5o1 10^{13}
14ooo	7,375 10^{17}	1,2o4 "	1,2o4 "	3,7o7 10^{14}
15ooo	3,893 "	1,274 "	1,271 "	1,325 10^{15}
16ooo	2,o41 "	1,276 "	1,268 "	4,o38 "
17ooo	1,o95 "	1,243 "	1,227 "	1,o8o 10^{16}
18ooo	6,1o9 10^{16}	1,2o6 "	1,154 "	2,563 "
19ooo	3,55o "	1,168 "	1,o61 "	5,33o "
2oooo	2,1o5 "	1,14o "	9,413 10^{17}	9,939 "

Xenon

7 atm

T/°K/	n_o/cm^{-3}/	n_e/cm^{-3}/	n_1/cm^{-3}/	n_2/cm^{-3}/
1ooo	5,138 1o^{19}			
2ooo	2,569 "	1,1o6 1o^{5}	1,1o6 1o^{5}	
3ooo	1,713 "	1,52o 1o^{10}	1,52o 1o^{10}	
4ooo	1,284 "	5,18o 1o^{12}	5,18o 1o^{12}	
5ooo	1,o28 "	2,o86 1o^{14}	2,o86 1o^{14}	
6ooo	8,558 1o^{18}	2,32o 1o^{15}	2,32o 1o^{15}	
7ooo	7,313 "	1,318 1o^{16}	1,318 1o^{16}	
8ooo	6,324 "	4,893 "	4,893 "	
9ooo	5,438 "	1,355 1o^{17}	1,355 1o^{17}	
1oooo	4,53o "	3,o1o "	3,o1o "	
11ooo	3,56o "	5,554 "	5,554 "	
12ooo	2,547 "	8,673 "	8,673 "	
13ooo	1,627 "	1,163 1o^{18}	1,163 1o^{18}	8,621 1o^{13}
14ooo	9,356 1o^{17}	1,367 "	1,367 "	3,762 1o^{14}
15ooo	5,o43 "	1,461 "	1,459 "	1,346 1o^{15}
16ooo	2,677 "	1,474 "	1,466 "	4,o99 "
17ooo	1,452 "	1,445 "	1,423 "	1,o91 1o^{16}
18ooo	8,129 1o^{16}	1,4oo "	1,347 "	2,6o8 "
19ooo	4,823 "	1,335 "	1,246 "	5,452 "
2oooo	3,o59 "	1,367 "	1,161 "	1,o32 1o^{17}

Xenon

8 atm

T/^{o}K/	$n_o/cm^{-3}/$	$n_e/cm^{-3}/$	$n_1/cm^{-3}/$	$n_2/cm^{-3}/$
1000	5,872 10^{19}			
2000	2,936 "	1,183 10^{5}	1,183 10^{5}	
3000	1,957 "	1,625 10^{10}	1,625 10^{10}	
4000	1,468 "	6,179 10^{12}	6,179 10^{12}	
5000	1,174 "	2,230 10^{14}	2,230 10^{14}	
6000	9,781 10^{18}	2,483 10^{15}	2,483 10^{15}	
7000	8,360 "	1,411 10^{16}	1,411 10^{16}	
8000	7,235 "	5,245 "	5,245 "	
9000	6,233 "	1,455 10^{17}	1,455 10^{17}	
10000	5,224 "	3,241 "	3,241 "	
11000	4,136 "	6,011 "	6,011 "	
12000	3,002 "	9,464 "	9,464 "	
13000	1,953 "	1,282 10^{18}	1,282 10^{18}	8,729 10^{13}
14000	1,147 "	1,524 "	1,523 "	3,813 10^{14}
15000	6,293 10^{17}	1,643 "	1,641 "	1,364 10^{15}
16000	3,385 "	1,668 "	1,659 "	4,155 "
17000	1,850 "	1,640 "	1,618 "	1,106 10^{16}
18000	1,045 "	1,592 "	1,539 "	2,648 "
19000	6,114 10^{16}	1,543 "	1,431 "	5,558 "
20000	3,671 "	1,502 "	1,292 "	1,055 10^{17}

Xenon

9 atm

T/°K/	n_o/cm^{-3}/	n_e/cm^{-3}/	n_1/cm^{-3}/	n_2/cm^{-3}/
1000	6,606 10^{19}			
2000	3,303 "	1,247 10^{5}	1,247 10^{5}	
3000	2,202 "	1,724 10^{10}	1,724 10^{10}	
4000	1,651 "	6,554 10^{12}	6,554 10^{12}	
5000	1,321 "	2,365 10^{14}	2,365 10^{14}	
6000	1,100 "	2,634 10^{15}	2,634 10^{15}	
7000	9,407 10^{18}	1,498 10^{16}	1,498 10^{16}	
8000	8,146 "	5,572 "	5,572 "	
9000	7,030 "	1,548 10^{17}	1,548 10^{17}	
10000	5,914 "	3,461 "	3,461 "	
11000	4,716 "	6,447 "	6,447 "	
12000	3,462 "	1,022 10^{18}	1,022 10^{18}	
13000	2,289 "	1,396 "	1,396 "	8,829 10^{13}
14000	1,369 "	1,675 "	1,674 "	3,861 10^{14}
15000	7,632 10^{17}	1,821 "	1,818 "	1,382 10^{15}
16000	4,156 "	1,859 "	1,850 "	4,208 "
17000	2,290 "	1,834 "	1,812 "	1,120 10^{16}
18000	1,301 "	1,783 "	1,730 "	2,684 "
19000	7,657 10^{16}	1,728 "	1,615 "	5,652 "
20000	4,627 "	1,682 "	1,466 "	1,079 10^{17}

Xenon

10 atm

$T/^{o}K/$	$n_o/cm^{-3}/$	$n_e/cm^{-3}/$	$n_1/cm^{-3}/$	$n_2/cm^{-3}/$
1000	7,340 10^{19}			
2000	3,670 "	1,323 10^5	1,323 10^5	
3000	2,447 "	1,817 10^{10}	1,817 10^{10}	
4000	1,835 "	6,909 10^{12}	6,909 10^{12}	
5000	1,468 "	2,496 10^{14}	2,496 10^{14}	
6000	1,223 "	2,779 10^{15}	2,779 10^{15}	
7000	1,045 "	1,580 10^{16}	1,580 10^{16}	
8000	9,057 10^{18}	5,886 "	5,886 "	
9000	7,828 "	1,638 10^{17}	1,638 10^{17}	
10000	6,606 "	3,668 "	3,668 "	
11000	5,301 "	6,860 "	6,860 "	
12000	3,930 "	1,093 10^{18}	1,093 10^{18}	
13000	2,635 "	1,506 "	1,505 "	8,922 10^{13}
14000	1,600 "	1,821 "	1,821 "	3,906 10^{14}
15000	9,050 10^{17}	1,995 "	1,992 "	1,398 10^{15}
16000	4,984 "	2,047 "	2,038 "	4,258 "
17000	2,793 "	2,026 "	2,004 "	1,134 10^{16}
18000	1,582 "	1,973 "	1,919 "	2,718 "
19000	9,027 10^{16}	1,913 "	1,799 "	5,736 "
20000	5,685 "	1,862 "	1,642 "	1,100 10^{17}

Xenon

15 atm

T/°K/	n_o/cm^{-3}/	n_e/cm^{-3}/	n_1/cm^{-3}/	n_2/cm^{-3}/
1000	1,101 10^{20}			
2000	5,505 10^{19}	1,620 10^{5}	1,620 10^{5}	
3000	3,670 "	2,225 10^{10}	2,225 10^{10}	
4000	2,752 "	8,461 10^{12}	8,461 10^{12}	
5000	2,202 "	3,024 10^{14}	3,024 10^{14}	
6000	1,834 "	3,410 10^{15}	3,410 10^{15}	
7000	1,569 "	1,944 10^{16}	1,944 10^{16}	
8000	1,362 "	7,264 "	7,264 "	
9000	1,183 "	2,031 10^{17}	2,031 10^{17}	
10000	1,009 "	4,587 "	4,587 "	
11000	8,269 10^{18}	8,699 "	8,699 "	
12000	6,344 "	1,415 10^{18}	1,415 10^{18}	
13000	4,463 "	2,003 "	2,002 "	9,329 10^{13}
14000	2,869 "	2,498 "	2,497 "	4,097 10^{14}
15000	1,709 "	2,816 "	2,813 "	1,470 10^{15}
16000	9,814 10^{17}	2,952 "	2,943 "	4,475 "
17000	5,609 "	2,964 "	2,940 "	1,191 10^{16}
18000	3,648 "	2,890 "	2,833 "	2,859 "
19000	1,956 "	2,830 "	2,708 "	6,072 "
20000	1,234 "	2,750 "	2,513 "	1,182 10^{17}

Xenon

20 atm

$T/^{o}K/$	$n_o/cm^{-3}/$	$n_e/cm^{-3}/$	$n_1/cm^{-3}/$	$n_2/cm^{-3}/$
1000	1,468 10^{20}			
2000	7,340 10^{19}	1,870 10^{5}	1,870 10^{5}	
3000	4,893 "	2,569 10^{10}	2,569 10^{10}	
4000	3,670 "	9,770 10^{12}	9,770 10^{12}	
5000	2,936 "	3,534 10^{14}	3,534 10^{14}	
6000	2,446 "	3,945 10^{15}	3,945 10^{15}	
7000	2,093 "	2,252 10^{16}	2,252 10^{16}	
8000	1,818 "	8,636 "	8,636 "	
9000	1,584 "	2,367 10^{17}	2,367 10^{17}	
10000	1,360 "	5,378 "	5,378 "	
11000	1,129 "	1,029 10^{18}	1,029 10^{18}	
12000	8,841 10^{18}	1,696 "	1,696 "	
13000	6,410 "	2,441 "	2,441 "	9,641 10^{13}
14000	4,273 "	3,109 "	3,108 "	4,255 10^{14}
15000	2,644 "	3,572 "	3,569 "	1,529 10^{15}
16000	1,569 "	3,805 "	3,796 "	4,657 "
17000	9,195 10^{17}	3,864 "	3,839 "	1,239 10^{16}
18000	5,456 "	3,820 "	3,760 "	2,975 "
19000	3,317 "	3,729 "	3,602 "	6,332 "
20000	2,070 "	3,628 "	3,380 "	1,240 10^{17}

Xenon

25 atm

T/°K/	n_o/cm^{-3}/	n_e/cm^{-3}/	n_1/cm^{-3}/	n_2/cm^{-3}/
1000	1,835 10^{20}			
2000	9,175 10^{19}	2,091 10^5	2,091 10^5	
3000	6,116 "	2,872 10^{10}	2,872 10^{10}	
4000	4,587 "	1,094 10^{13}	1,094 10^{13}	
5000	3,670 "	3,951 10^{14}	3,951 10^{14}	
6000	3,057 "	4,415 10^{15}	4,415 10^{15}	
7000	2,616 "	2,525 10^{16}	2,525 10^{16}	
8000	2,275 "	9,471 "	9,471 "	
9000	1,985 "	2,668 10^{17}	2,668 10^{17}	
10000	1,713 "	6,085 "	6,085 "	
11000	1,434 "	1,171 10^{18}	1,171 10^{18}	
12000	1,139 "	1,949 "	1,949 "	
13000	8,432 10^{18}	2,841 "	2,841 "	9,920 10^{13}
14000	5,766 "	3,671 "	3,671 "	4,392 10^{14}
15000	3,673 "	4,281 "	4,277 "	1,581 10^{15}
16000	2,236 "	4,619 "	4,609 "	4,818 "
17000	1,338 "	4,734 "	4,709 "	1,281 10^{16}
18000	8,063 10^{17}	4,709 "	4,647 "	3,075 "
19000	5,014 "	4,613 "	4,482 "	6,552 "
20000	3,132 "	4,495 "	4,238 "	1,289 10^{17}

Xenon

30 atm

T/°K/	n_o/cm^{-3}/	n_e/cm^{-3}/	n_1/cm^{-3}/	n_2/cm^{-3}/
1000	2,202 10^{20}			
2000	1,101 "	2,291 10^{5}	2,291 10^{5}	
3000	7,340 10^{19}	3,147 10^{10}	3,147 10^{10}	
4000	5,505 "	1,198 10^{13}	1,198 10^{13}	
5000	4,404 "	4,333 10^{14}	4,333 10^{14}	
6000	3,669 "	4,842 10^{15}	4,842 10^{15}	
7000	3,140 "	2,773 10^{16}	2,773 10^{16}	
8000	2,732 "	1,042 10^{17}	1,042 10^{17}	
9000	2,384 "	2,941 "	2,941 "	
10000	2,067 "	6,731 "	6,731 "	
11000	1,741 "	1,302 10^{18}	1,302 10^{18}	
12000	1,398 "	2,182 "	2,182 "	
13000	1,051 "	3,213 "	3,213 "	1,017 10^{14}
14000	7,333 10^{18}	4,197 "	4,197 "	4,514 "
15000	4,754 "	4,941 "	4,938 "	1,628 10^{15}
16000	2,961 "	5,404 "	5,394 "	4,964 "
17000	1,799 "	5,583 "	5,557 "	1,319 10^{16}
18000	1,097 "	5,582 "	5,520 "	3,166 "
19000	6,801 10^{17}	5,488 "	5,352 "	6,747 "
20000	4,317 "	5,356 "	5,090 "	1,330 10^{17}

Xenon

35 atm

$T/^{o}K/$	$n_o/cm^{-3}/$	$n_e/cm^{-3}/$	$n_1/cm^{-3}/$	$n_2/cm^{-3}/$
1000	$2,569\ 10^{20}$			
2000	1,284 "	$2,474\ 10^{5}$	$2,474\ 10^{5}$	
3000	$8,563\ 10^{19}$	$3,399\ 10^{10}$	$3,399\ 10^{10}$	
4000	6,422 "	$1,294\ 10^{13}$	$1,294\ 10^{13}$	
5000	5,138 "	$4,680\ 10^{14}$	$4,680\ 10^{14}$	
6000	4,280 "	$5,234\ 10^{15}$	$5,234\ 10^{15}$	
7000	3,664 "	$3,000\ 10^{16}$	$3,000\ 10^{16}$	
8000	3,189 "	$1,200\ 10^{17}$	$1,200\ 10^{17}$	
9000	2,515 "	3,194 "	3,194 "	
10000	2,422 "	7,328 "	7,328 "	
11000	2,051 "	$1,422\ 10^{18}$	$1,422\ 10^{18}$	
12000	1,661 "	2,400 "	2,400 "	
13000	1,264 "	3,562 "	3,562 "	$1,039\ 10^{14}$
14000	$8,957\ 10^{18}$	4,696 "	4,695 "	4,626 "
15000	5,909 "	5,587 "	5,583 "	$1,672\ 10^{15}$
16000	3,733 "	6,164 "	6,154 "	5,100 "
17000	2,302 "	6,411 "	6,384 "	$1,355\ 10^{16}$
18000	1,415 "	6,444 "	6,379 "	3,250 "
19000	$8,822\ 10^{17}$	6,353 "	6,215 "	6,925 "
20000	5,608 "	6,201 "	5,928 "	$1,367\ 10^{17}$

Xenon

40 atm

T/°K/	n_o/cm^{-3}/	n_e/cm^{-3}/	n_1/cm^{-3}/	n_2/cm^{-3}/
1000	2,936 10^{20}			
2000	1,468 "	2,645 10^5	2,645 10^5	
3000	9,786 10^{19}	3,633 10^{10}	3,633 10^{10}	
4000	7,340 "	1,384 10^{13}	1,384 10^{13}	
5000	5,872 "	5,004 10^{14}	5,004 10^{14}	
6000	4,892 "	5,601 10^{15}	5,601 10^{15}	
7000	4,188 "	3,213 10^{16}	3,213 10^{16}	
8000	3,646 "	1,211 10^{17}	1,211 10^{17}	
9000	3,193 "	3,430 "	3,430 "	
10000	2,778 "	7,893 "	7,893 "	
11000	2,361 "	1,539 10^{18}	1,539 10^{18}	
12000	1,925 "	2,607 "	2,607 "	
13000	1,480 "	3,893 "	3,893 "	1,060 10^{14}
14000	1,062 "	5,174 "	5,173 "	4,730 "
15000	7,108 10^{18}	6,210 "	6,206 "	1,712 10^{15}
16000	4,557 "	6,899 "	6,889 "	5,226 "
17000	2,843 "	7,220 "	7,192 "	1,388 10^{16}
18000	1,767 "	7,288 "	7,222 "	3,328 "
19000	1,113 "	7,205 "	7,063 "	7,090 "
20000	7,213 10^{17}	7,052 "	6,772 "	1,400 10^{17}

Xenon

45 atm

T/°K/	n_o/cm^{-3}/	n_e/cm^{-3}/	n_1/cm^{-3}/	n_2/cm^{-3}/
1000	3,303 10^{20}			
2000	1,651 "	2,805 10^{5}	2,805 10^{5}	
3000	1,101 "	3,854 10^{10}	3,854 10^{10}	
4000	8,267 10^{19}	1,468 10^{13}	1,468 10^{13}	
5000	6,606 "	5,313 10^{14}	5,313 10^{14}	
6000	5,504 "	5,947 10^{15}	5,947 10^{15}	
7000	4,711 "	3,414 10^{16}	3,414 10^{16}	
8000	4,102 "	1,288 10^{17}	1,288 10^{17}	
9000	3,597 "	3,654 "	3,654 "	
10000	3,134 "	8,429 "	8,429 "	
11000	2,673 "	1,648 10^{18}	1,648 10^{18}	
12000	2,192 "	2,803 "	2,803 "	
13000	1,699 "	4,209 "	4,209 "	1,080 10^{14}
14000	1,232 "	5,635 "	4,634 "	4,828 "
15000	8,351 10^{18}	6,811 "	6,808 "	1,750 10^{15}
16000	5,393 "	7,628 "	7,617 "	5,348 "
17000	3,378 "	8,032 "	8,004 "	1,421 10^{16}
18000	2,201 "	8,141 "	8,073 "	3,401 "
19000	1,318 "	8,069 "	7,924 "	7,249 "
20000	8,516 10^{17}	7,906 "	7,619 "	1,432 10^{17}

Xenon

50 atm

T/°K/	n_o/cm^{-3}/	n_e/cm^{-3}/	n_1/cm^{-3}/	n_2/cm^{-3}/
1000	3,670 10^{20}			
2000	1,835 "	2,957 10^{5}	2,957 10^{5}	
3000	1,223 "	4,062 10^{10}	4,062 10^{10}	
4000	9,175 10^{19}	1,547 10^{13}	1,547 10^{13}	
5000	7,340 "	5,600 10^{14}	5,600 10^{14}	
6000	6,115 "	6,275 10^{15}	6,275 10^{15}	
7000	5,235 "	3,604 10^{16}	3,604 10^{16}	
8000	4,560 "	1,360 10^{17}	1,360 10^{17}	
9000	4,002 "	3,866 "	3,866 "	
10000	3,491 "	8,937 "	8,937 "	
11000	2,986 "	1,752 10^{18}	1,752 10^{18}	
12000	2,460 "	2,990 "	2,990 "	
13000	1,920 "	4,513 "	4,513 "	1,098 10^{14}
14000	1,406 "	6,077 "	6,076 "	4,920 "
15000	9,636 10^{18}	7,391 "	7,387 "	1,786 10^{15}
16000	6,267 "	8,338 "	8,327 "	5,463 "
17000	3,955 "	8,823 "	8,794 "	1,451 10^{16}
18000	2,474 "	8,974 "	8,905 "	3,475 "
19000	1,555 "	8,917 "	8,769 "	8,652 "
20000	9,947 10^{17}	8,750 "	8,459 "	1,458 10^{17}

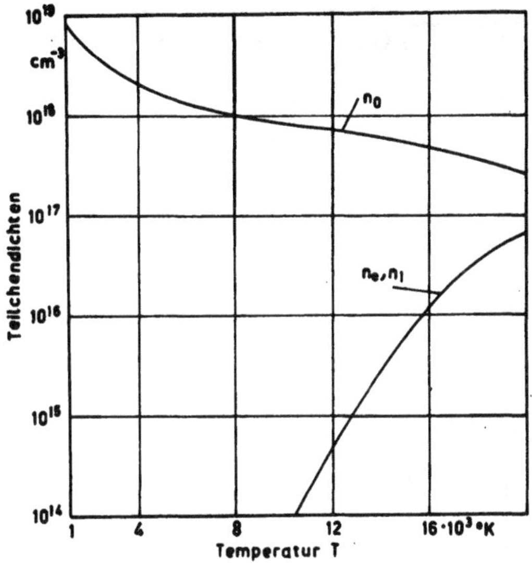

Abb. 1a : Helium 1 atm

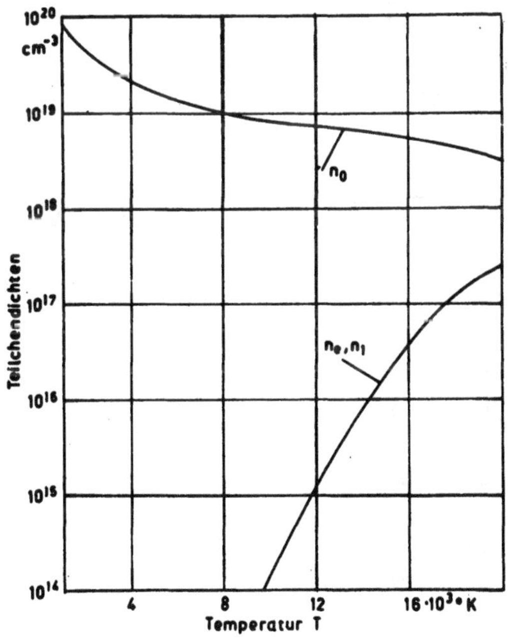

Abb. 1b : Helium 1o atm

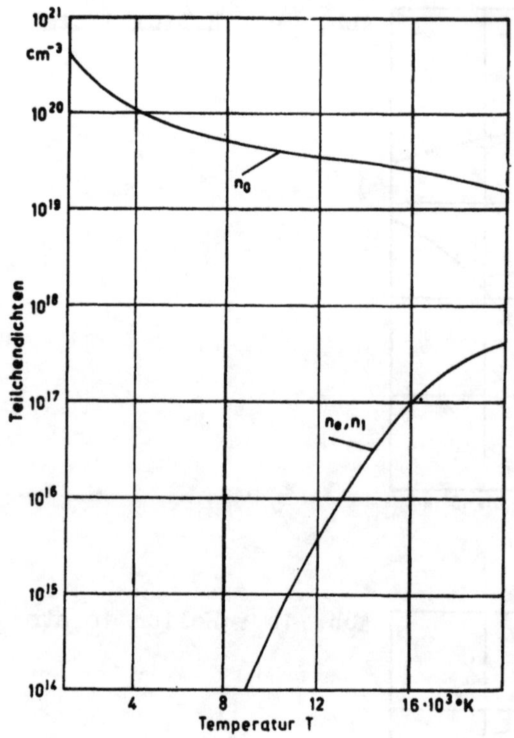

Abb. 1c : Helium 5o atm

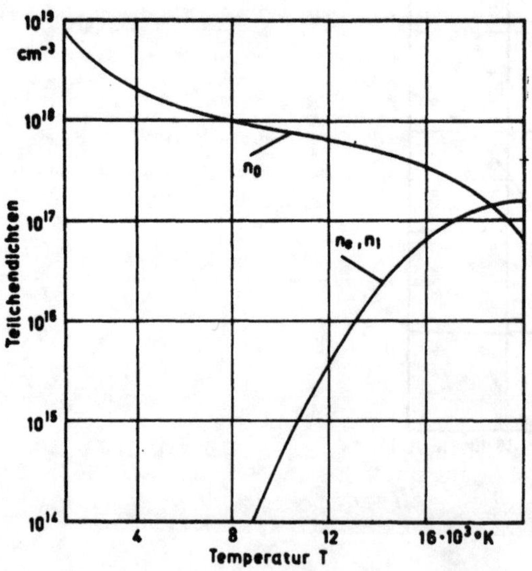

Abb. 2a : Neon 1 atm

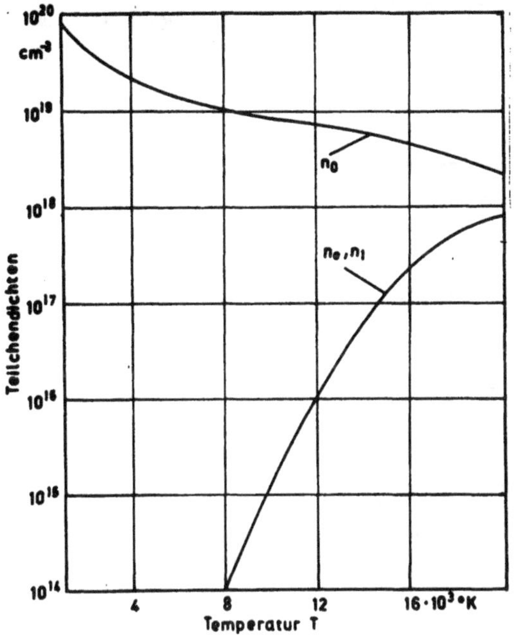

Abb. 2b : Neon 1o atm

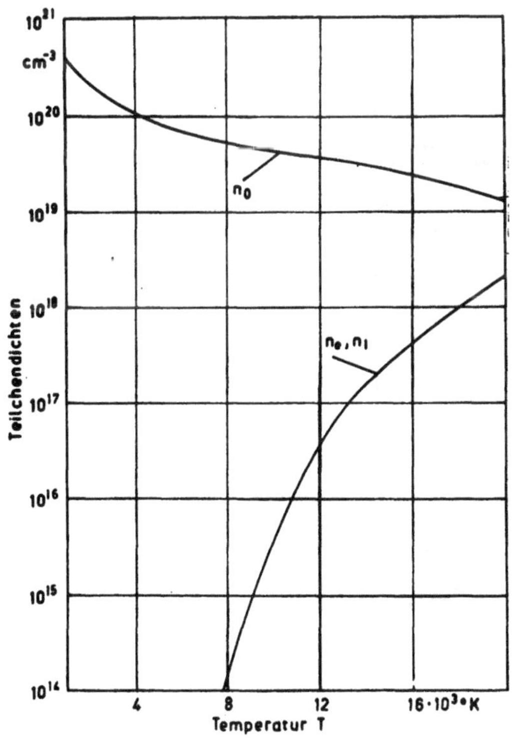

Abb. 2c : Neqn 5o atm

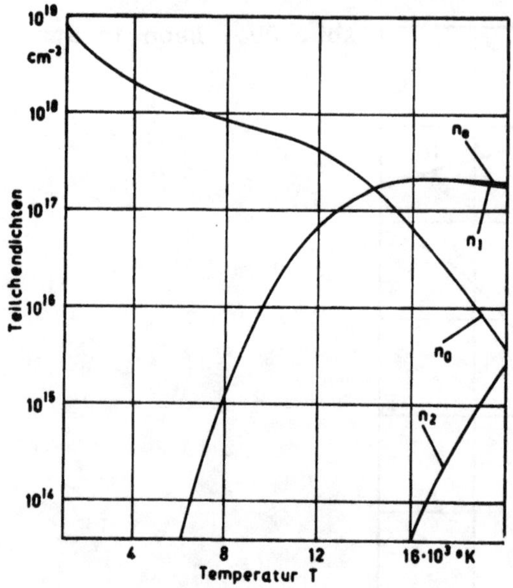

Abb. 3a : Argon 1 atm

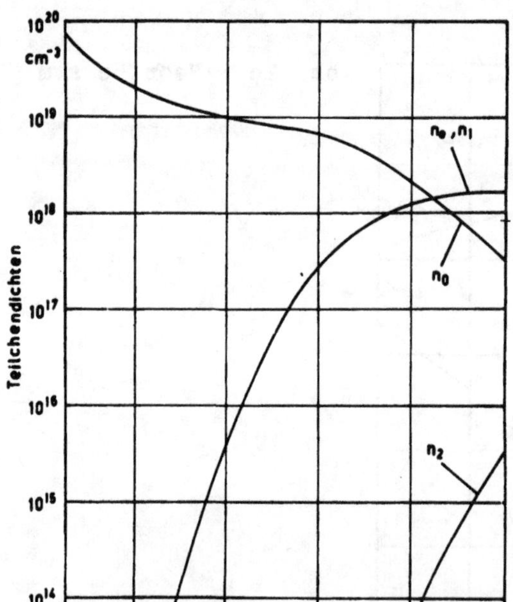

Abb. 3b : Argon 1o atm

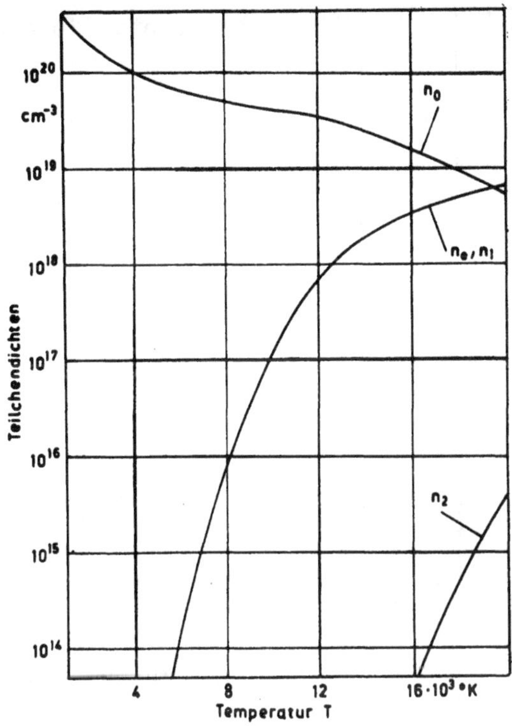

Abb. 3c : Argon 5o atm

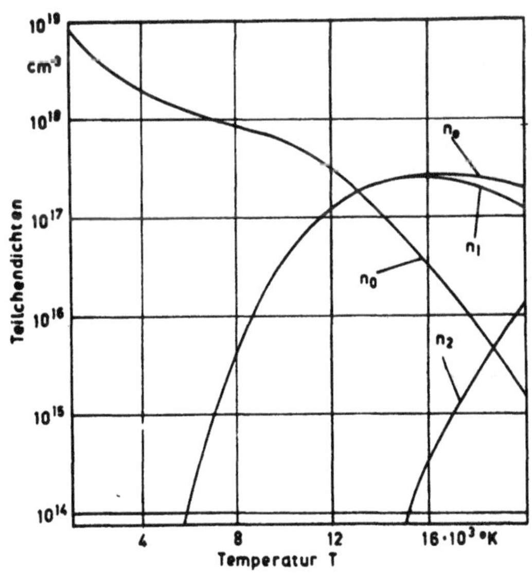

Abb. 4a : Krypton 1 atm

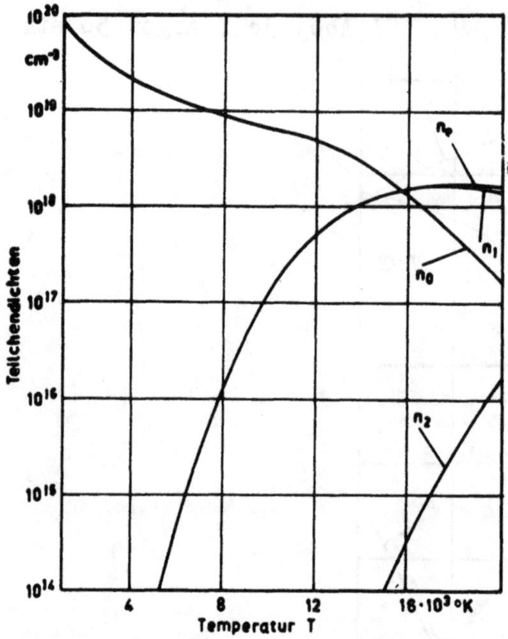

Abb. 4b : Krypton 1o atm

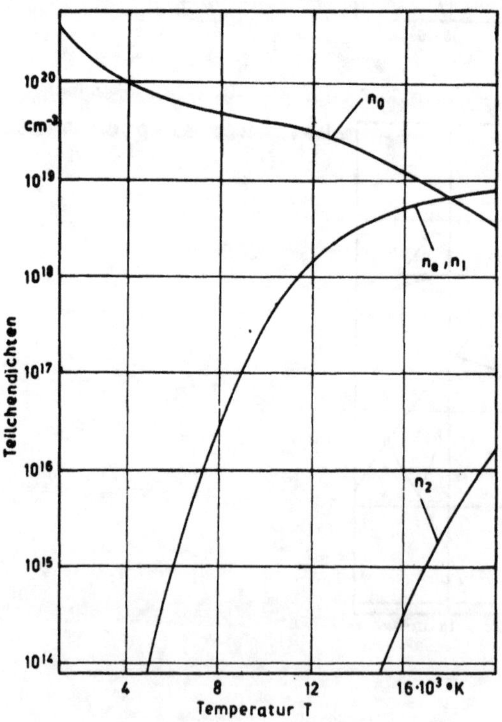

Abb. 4c : Krypton 5o atm

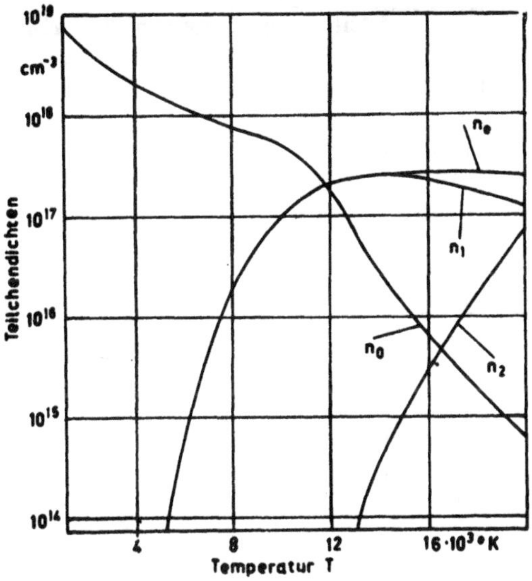

Abb. 5a :· Xenon 1 atm

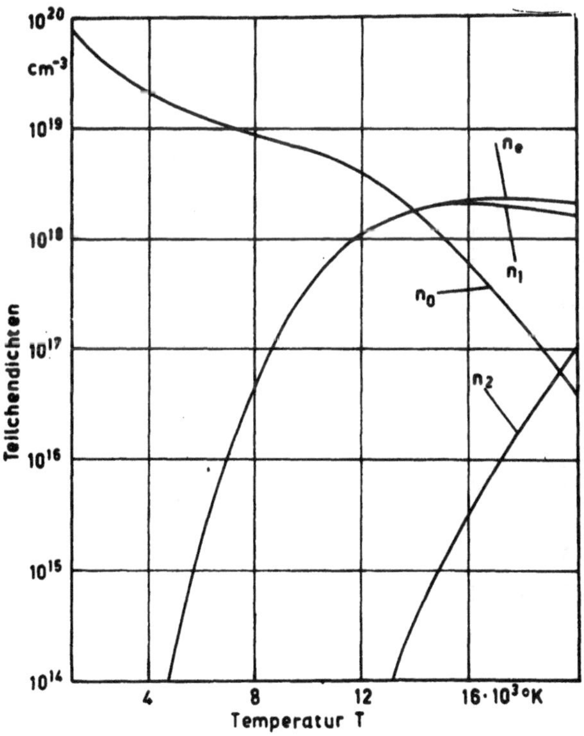

Abb. 5b :

Xenon 1o atm

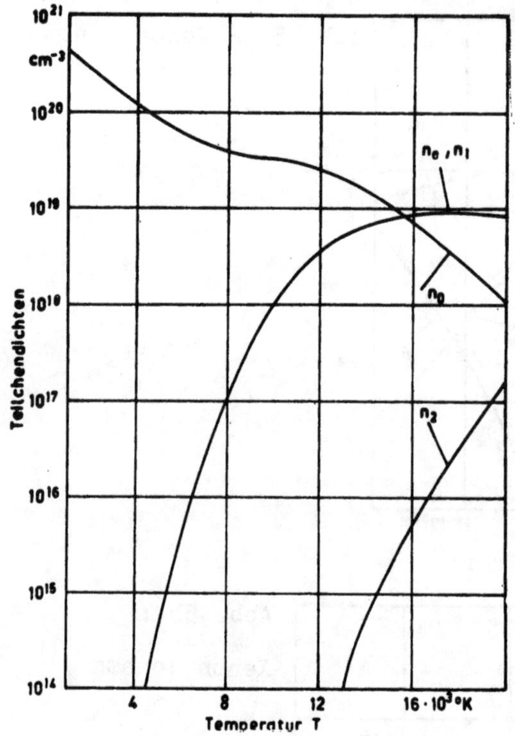

Abb. 5c : Xenon 5o atm

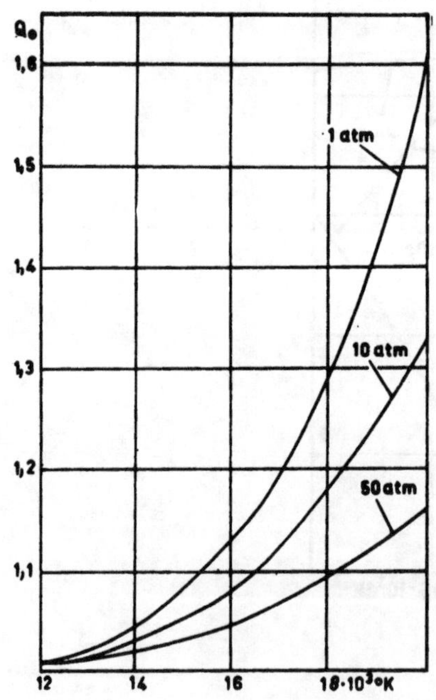

Abb. 6 : Druckabhängigkeit der Zustandssumme Q_0 bei Xenon

www.ingramcontent.com/pod-product-compliance
Lightning Source LLC
LaVergne TN
LVHW081340011026
849161LV00013BB/2964